庫

アミオ訳 孫子

〔漢文・和訳完全対照版〕

守屋 淳 監訳・注解　臼井真紀 訳

筑摩書房

目次

本書は「ちくま学芸文庫」のために新たに訳出したものである。

監訳者まえがき

守屋　淳

ナポレオンは『孫子』を読んで戦っていた――のか

中国古代の兵法書である『孫子』は、現代でも高い人気を誇り続けている古典だ。

著者に関しては諸説があるが、今から約二千五百年前の中国春秋時代末期に活躍した孫武という説が有力だ。以後、その卓越した内容から、「兵仙」と呼ばれた韓信、『三国志』の英雄・曹操や諸葛孔明、日本に目を移せば武田信玄や西郷隆盛、秋山真之など、愛読者は引きも切らない。現代でも、ビル・ゲイツ（マイクロソフト）や孫正義（ソフトバンク）、フェリペ・スコラーリ（サッカー監督）、ノーマン・シュワルツコフ（米軍司令官）など、ジャンルを超えて座右の書にしている著名人は数多い。

この『孫子』を、ヨーロッパの覇者であったナポレオン・ボナパルトが愛読していた、ないしは戦略の礎としていたという説がある。

ナポレオンは、よく知られている通り十九世紀ヨーロッパの覇者であり、戦争の天才として高い勝率を誇り続けた英雄にほかならない。

この歴史的な書物と英雄、二者が本当に繋がっているとしたら、これ以上魅力的な話はないのだが、残念ながらこの説、論拠がはっきりしない。

この説は、特に『孫子』の入門書やインターネットなどで、まことしやかに唱えられていて、筆者も著者などに取材をして論拠を探ったことがある。しかし、その起点になっていたのが、すでに亡くなっている著者の本であり、残念ながらその本には論拠が記されていなかった。もう少し広く、確実な論拠を示していそうな資料を探してみても、まったく見つからないのだ。

ちなみにウィキペディアを引くと、この点は、以下のように記載されている。

《後にナポレオン・ボナパルトがこのフランス語版の『孫子』を愛読し、自らの戦略に活用したという伝説が流布されるが、一九二二年にフランス軍のショレ（E. Cholet）大佐が著書"*L'art militaire dans l'antiquité chinoise*"において初めて言及したことで、事実の裏づけはないとされる》（ウィキペディア「孫子（書物）」より、二〇一六年三月一日現在）

ところが、この記述からは皮肉な事実が明らかになる。

まず、引用されているショレ中佐（「大佐」はウィキペディアの誤り）の著書を実際に当たってみても「ナポレオンが『孫子』を読んだ」という記述は一切存在していない。

しかも、このウィキペデイアの記述の出典として記されているのが、『『孫子』解答のない兵法』（平田昌司　岩波書店）という本だが、そこでは以下のように記されている。

《アミオ訳『孫子』が十八世紀ヨーロッパの戦略思想に影響をおよぼしたという説は、どうやら一九二〇年ごろにフランス軍のショレ中佐あたりが言いだしたらしく、根拠のないままに広まったものである（E. Cholet, *L'art militaire dans l'antiquité chinoise*, 1922）。ナポレオンなどが読んでいれば話がおもしろくなるし、『孫子』が世界的価値をもつことになるという願望の所産であろう》

この経緯を筆者なりにまとめれば、

「『読んだと書かれている本があるらしい』という記述の本を読んで、その原典を確認しないまま、内容を微妙に変えて書く」

という何ともお粗末な引用がなされていたわけだ。

おそらく、やや方向性は違えども、「ナポレオンが『孫子』を読んだ」という説も、これと似たような「〜らしい」が語尾につく伝言ゲームによって伝播していった可能性が高いのだろう。

では、この『孫子』とナポレオン、果たして本当に繋がっているのか——この疑問をきっかけとして生まれたのが本書にほかならない。

足かけ十五年の翻訳

しかし、そもそもナポレオンが本当に『孫子』を読んだとして、それは誰が訳し、現在われわれが読む『孫子』の解釈と本当に同じようなものなのか――

筆者は二〇〇一年に『最強の孫子』という入門書を出版したさい、こうした観点から資料を探していった。アミオ（Amiot, Amyot, Jean-Joseph-Marie）というイエズス会士が十八世紀に『孫子』を翻訳した、ということまではわかっていたのだが、筆者はフランス語がわからず、当時、編集者であった臼井真紀さんにお願いして、一緒にインターネットにある情報を見てもらった。すると、ニューヨークの古書店で該当する本がインターネットを通じて売られているのを発見した。それが、今回の翻訳のもととなった、『中国人の歴史、科学、技芸、風俗、慣習などに関するメモワール（*Mémoires concernant l'histoire, les sciences, les arts, les mœurs, les usages, &c. des Chinois*）』という本だった。これは全十六巻あるシリーズだが、そのなかで『孫子』の翻訳が載っている七巻目が、運よく売りに出されていたのだ。値段は当時で約十万円。年収二百万もなかった筆者としては清水の舞台から飛び降りる覚悟であったが、購入を決め、手に入れた。そして、仏文科出身の臼井さんに翻訳をお願いした。二〇〇一年のことだった。

やや余談になるが、これと同じ時期、フランスのナポレオンの研究者のサイトに、「ナポレオンが『孫子』を読んだというのは本当か、論拠はあるのか」という質問メールを、臼井さんを通じて送ってもらったことがある。すると、「あるよ、『ナポレオンとその家族（*Napoléon et sa famille*）』という本に載っている」という解答があり、それを信じて先述の入門書には「おそらくナポレオンは『孫子』を読んでいる」という記述を入れた。

ところが近年『ナポレオンとその家族』もネットで全文が公開され、調べてみると、そのような記述は残念ながら見出せなかった。先方も勘違いをしていたのか、こちらをからかっただけなのかわからないが、この点は筆者自身も伝説流布の誤った根拠づけに一役買ってしまった点があり、お詫びをして訂正したい。

閑話休題、その後、アミオ訳の日本語訳にとりかかったが、そこからが長い苦難の始まりだった。

何せ十八世紀に書かれた書物であり、しかも臼井さんは、フランス語はわかるが漢文はわからず、筆者は兵書の内容はわかるがフランス語はわからない。お互いやり取りしつつ訳文をつめていくのだが、作業は難航をきわめた。さらに、互いに別に家庭や子供も持ち、臼井さんは長野に引っ越すという中で、足かけ十五年かけて完成したのが本書の翻訳にほかならない。

その間、筆者にとってはある種くやしいことだが、アミオ訳の『孫子』は出版もされて普通に手に入るようになり、インターネットでも全文が自由に閲覧可能となっている。

アミオ訳『孫子』

このアミオ訳の『孫子』は、十八世紀において二度出版されている。一度目は一七七二年。『中国兵法論（*Art militaire des Chinois, ou Recueil d'anciens traités sur la guerre*）』というタイトルでパリのディド・レネ社から刊行された。二度目は一七八二年、フランスの大臣であったベルタンが、北京のイエズス会士から送られてきた報告や論文をまとめて十六巻のシリーズで刊行した七巻目として、『中国人の歴史、科学、技芸、風俗、慣習などに関するメモワール』としてニヨン・レネ社から刊行された。二つのテキストには、編集者による所見に若干だが異同があり、その違いについては本文解説において触れている。他の部分についての異同はない。両書とも現在は複数出版されていて、インターネット等で購入可能になっている。このうち一七七二年の『中国兵法論』の構成は以下のようになっている。

1　所見
2　訳者序論
3　雍正帝の軍人に与える十の教令
4　『孫子』まえがき及び翻訳本文
5　『呉子』まえがき及び翻訳本文

6　『司馬法』まえがき及び翻訳本文
7　『六韜』まえがき及び抄訳本文
8　軍事演習の手引書（図版多数）
9　索引

また、一七八二年の再刊版では、1の所見の前に「批評」と「はしがき（一七七二年版が出てからこの本を出すまでの経緯）」が追加されている。

このうち本書では4を訳出している。

この翻訳を通じて確実にわかったことがいくつかある。まずアミオ訳『孫子』に関しては、今までいろいろな言及がなされてきた。

《孫子はフランス人宣教師の簡単な翻訳によって、フランス革命の前夜にようやくヨーロッパに紹介されただけであった》（『*The Art of War*』Oxford University Press リデル・ハートによる序文）

《原典を自由に書きかえ、どんどん話をふくらませるところこそ楽しいという受け止めかた（J・ミンフォード）》（『孫子』　解答のない兵法』）

実際に訳してみる限り、以下のようであった。

・『孫子』の全訳であり、漏れはない。簡単どころか訳者の説明過多な訳。

・確かにアミオの訳には、原文にはない彼の説明が大量に紛れ込んでいる。しかし、そのユニークな解釈は、原文から考えればなぜその解釈となったのかが推測できるものが多い。決して自由に書きかえているわけではない。詳しい考証に関しては本文の解説に譲りたい。

『孫子』日本語訳との比較

最後に、本書の形式についても、若干説明を加えておきたい。

まず、アミオの訳文には、彼の手による注釈が脚注として大量に付されている。これは原本翻訳部分と同じくらい資料的な価値があると考え、訳文の段落の終わりごとにまとめて掲示する形をとった。原注とあるのがアミオ注であり、訳注とある方は臼井・守屋の手によるものだ。

また、本書は「ナポレオンが読んだとされる『孫子』の、現代のわれわれが目にしているものとの異同を知る」ことが大本の意図としてあった。

そこで、「一般的な日本語訳とどこが違うのか」をわかりやすくするため、アミオの訳文の段落分けに合わせる形で、訳文をいくつかのかたまりに分けて、「孫子原文」「一般的な日本語訳」と対比させ、その違いを解説するという形式を採用している。「一般的な日本語訳」にはプレジデント社から出版されている全訳武経七書シリーズ収所の守屋洋訳『孫子 呉子』(『孫子』の方は同じ内容で、産業能率大学出版部、三笠書房知的生きかた文庫からも出版されている)を参照した。日本人に広く読まれている翻訳の一つであり、各版元の部数の総合計は五十万部近い。この翻訳の底本は『明本武経七書直解』であり、アミオ自身の底本の一つであった可能性もあると考えられる。

なお、「孫子原文」は読みやすさを考慮して「一般的な日本語訳」に準じた句読点が入れてある。アミオ訳と区切りが違う場合は、解説にて説明をしている。さらに、アミオによる段落分けは、現代の一般的な日本語訳の切り方とは一部大きく異なる部分があることはお断りしておきたい。

最後に、実際に『孫子』をナポレオンが読んだか否かについての論考についてだが、筆者はこの点の参考となる情報を得ようと、友人である航空自衛隊の伊藤大輔氏に教えを求めた。すると、筆者が想定していたものより数倍も膨大かつ精緻な回答が返ってきた。たとえるなら、トライアングルを叩いてみたら銅鑼のような大音響が響いてきたようなものだった。ならばいっそ伊藤氏にお願いした方がよいと考え、この論考を執筆して頂いた。本書の功績の一つは、伊藤氏や彼の論考を世に出せたことにあるかもしれない。

最後に、パリ国立図書館等での調査に関しては私の従妹であるベニエ守屋そよの協力を得た、また、翻訳者アミオに関して新居洋子氏に取材に応じて頂いた。さらに、筑摩書房の増田健史ちくま学芸文庫編集長の快諾なくして、本書は生まれなかった。記して感謝としたい。

アミオ訳

孫子

〔漢文・和訳完全対照版〕

臼井真紀　訳

「戦術に関する十三の記事」

呉王国の大将である孫子により中国語で書かれた作品。六十周期の二十七番目の年、つまり一七一〇年に、康熙帝の命によりタタール・満州語に翻訳された。

まえがき

孫子の著作をひもとく前に、注釈者らが言うように、その人物像を知ってもらい、彼が持つ軍編成と軍規維持の才能についておよそのことをつかんでもらうことが適当だろう。ここに、注釈者らがこの二つの点を手短に明らかにするものと考えた実話、またはこの将軍について語られていると推測される話を紹介したい。

注釈者によると、孫子は斉王[★1]の臣民として生まれ、古今、最も戦術に通暁した人物であった。彼の書いた著作と、彼が為した偉大な戦いは、その底の深さ、この分野において熟達された経験の証である。この名声によって、彼は、今日の王朝（l'Empire）を構成するすべての国々――これらの国々はかつて王国を名乗っていた――から特別視されることとなったが、そのずっと以前から、その功績は、近隣の国々には知れ渡っていた。

★原注1：斉王国は山東にあった。

呉[★2]の王は楚とオル（Ho-lou）（魯[★3]）、両国の王と数度の諍《いさか》いを起こしていた。明日にも戦争が勃発しかねない状況であり、互いに準備を重ねていた。孫子は手をこまねいて見ていることができなかった。傍観者でいることは自らの立場ではないと確信し、軍に登用してもらおうと呉の王の元へ拝謁に赴いた。この功績ある男が自陣入りすることを喜んだ王は彼を手厚く迎え入れ、自ら会って直接下問することを望んだ。王はこう切り出した。

★原注2：呉王国は浙江にあった。江西と江南に勢力を広げ、それぞれの地方の一部を支配した。

★原注3：オル王国は山東にあった。一般的には魯王国と呼ばれていた（訳注：オル（Ho-lou）と訳している部分、実はHo-louが呉王・闔閭《こうりょ》のことであり、それを地名と勘違いしてアミオは訳しているという指摘がある〈『孫子』　解答のない兵法』平田昌司　岩波書店〉。この指摘が正しいと思われるが、ここではアミオの勘違いをそのまま反映する形で訳した）。

「孫子よ、そなたが戦術について記した書物を読んで、非常に気に入った。しかしそなたの教えを実行に移すのは、至難なことに私には思えてしまう。現実的には無理だとしか思えない教えも、少なからずあった。ここはひとつそなたが実践してみせてくれないだろうか？　どだい理論と実践の間には大きな隔たりがつきものだ。書斎で静かに過ごしながら、頭の中で戦争するなら、実に立派な方法を思いつく。しかし、実際の場になれば、考えたようにはいかないものだ。始めはとても簡単であると考えたことも、不可能だったりすることは往々にして起こりがちではないかな」

孫子は答えた。

「王よ、私は自著の中で、自ら軍隊で実践していないことは一つも記しておりません。ただ、まだ申し上げておりませんでしたが、今日ここで陛下に断言できることは、権限を与えて頂けるのであれば、相手が誰であろうとそれを実践させ、軍人として育てあげることが私にはできるということです」

「わかった」と王は答えた。

「聡明で慎重、天賦の才能を持つ人材なら、その指針に沿って簡単に教育でき、軍事演習を課すことで彼らを職務に慣れさせ、従順で、意欲的な人材に仕立てあげることが、労せずしてできると言いたいのだな。しかし、そんな人材は、そうざらにはいまい」

孫子は答えた。

「私は『だれであっても』と申し上げたのです。私の提案において除外している者などおりません。最も反抗的なものや、臆病な人間、弱い人間でもかまいません」

王は答えた。

「そなたの言う通りなら、たとえそれが女でも、軍人としての意識を抱かせることができるわけだ。女にも教練できるというのだな」

「無論のことです、王よ」、孫子はきっぱりとした口調で答えた。「お疑いくださりますな」

王は、宮廷の平素の気晴らしに飽き飽きしていたため、この機会を利用して新たな種類の気晴らしを手に入れる気になった。彼は言った。

「ここに、私の女たち百八十人を連れてこい」

命令通り、女たちが連れてこられた。その中には王の寵姫が二人混じっていた。二人は先頭に立たされた。王は笑みを浮かべつつ、言った。

「さあ、孫子よ。約束を守れるか、見せてもらおう。そなたを、この新軍の大将に任命する。この宮殿のなかのどの場所でも、教練の場にふさわしいと思う所を選んでよいぞ。女たちに十分教練を施せたなら、私に告げるがよい。教練の成果とそなたの才能を判断するべく、私はそこに赴こう」

孫子は、周囲が彼に、ピエロの役回りを望んでいることに気づいていたが、狼狽することはなかった。逆に、王が彼に女たちを会わせたうえ、己の配下としたという栄誉に満足しているかの如くだった。彼は、自信に満ちた声で王に言った。

「よいご報告を致しましょう、陛下。陛下には、時を経ずして私の仕事にご満足いただけると思っております。少なくとも孫子という男が軽率な口ばかりの人間ではないことを、王には知って頂けるでしょう」

王が中の部屋へもどると、孫子は軍人の本分に立ちかえり、自分の任務を遂行することだけに頭を切り替えた。新兵たちの武器と装備の用意を彼は命じた。用意が整うのを待つ間、自分の計画に最も好都合な宮殿の中庭の一つへ、彼の軍隊を連れて行った。要求したものはすぐに用意が整った。そして、孫子は女たちに切り出した。

「お前たちは私の指揮下、命令下にある。私の言うことを注意してよく聞き、私が命令することすべてに従わなければならない。それが軍の掟の第一歩、最も基本的なことになる。これに反さぬよう気をつけるがいい。明日には、お前たちは王の前で教練することになる。お前たちなら、余すことなく習得できるものと私は信じている」

彼はこう言うと、女たちに肩帯（訳注：剣や旗を支えるため肩からかける帯）をつけさせ、手には槍を持たせて、二つの部隊に分けた。それぞれの隊長には王の寵姫二人を置いた。配置が終わると、彼は次のように説明を始めた。

「胸と背中、右手と左手の見分けはつくな？　答えなさい」

彼への最初の返事は、疎《まば》らな数人のはじけるような笑い声だけだった。しかし、彼は沈黙したまま真面目な顔つきを崩さなかったので、ややあって女たちは「はい、つきます」と一斉に答えた。孫子は続けた。

「ならば、これから言うことをしっかり覚えるのだ。太鼓が一度だけ鳴ったら、今まさにしているような姿勢を保ち、胸の正面にあるもののみに気持ちを集中させるのだ。太鼓が二度鳴ったら、右手の方向に胸が向くように回りなさい。二度ではなく三度鳴ったら、今度は左手の方向に正確に胸が向くように回りなさい。そして四度鳴ったら、今度は背中があった方向に胸が向くように回り、胸があった方向に背中がくるようにしなさい。

今の説明ではまだ十分わからないかもしれない。さらに説明しよう。一度の太鼓はそのままの態勢で警戒することを意味する。二度の太鼓は右に向くこと、三度の太鼓は左に向くこと、四度の太鼓は半回転することだ。もう一度説明する。

私は次のように命令するつもりだ。まず一度太鼓を叩く。この合図を聞いたら、以後の命令に備えて構えなさい。間を置いて二度叩く。それに従って揃って厳かに右を向くのだ。その後、今度は三度ではなく四度叩くので、半回転しなさい。そして、次に再び最初の位置に戻すように指示を出す。まずはまた先程のように一度叩く。この最初の太鼓の合図に注意しなさい。つづいて今度は二度でなく三度叩くので、左に向き、四度の太鼓で半回転しなさい。今言いたかったことをよく理解できたか？　もしわからなければ、わからないところを教えてくれればよい。理解してもらえるよう努めるつもりだ」

「しっかり理解できました」、と女たちは答えた。

孫子は答えた。

「それならば、始める。太鼓の音は将軍の声を意味することを忘れるな。命令を出しているのは将軍なのだ」

この説明を三回繰り返してから、孫子は再度その小さな部隊を整列し直した。それから太鼓を一度叩いた。太鼓を聞くと女たちはみな笑いだした。二度叩くと、笑い声はさらに大きくなった。孫子は真剣な表情を崩さず、女たちにこう話した。

「先ほどした訓練の説明は、わかりにくかったのかもしれない。ならば、私の落ち度だ。お前たちにもっとわかりやすい言葉を遣って説明をし直すように努力しよう」

すぐに孫子は、女たちに同じ訓練の説明を違う言葉遣いで三回繰り返した。そしてこう続けた。

「では、今度は命令通りいくか試してみよう」

孫子は太鼓を一度、二度と叩いた。孫子の真剣な様子と、自分たちの奇妙ないでたちを前にして、女たちは服従すべき旨をすっかり忘れてしまった。苦しそうに数秒笑いをこらえていたが、結局タガが外れたように大きく笑い始めた。

孫子は動じることなく、先ほどと同じ口調で女たちにこう告げた。

「私の説明が不十分だったり、お前たちが口を揃えて、私の説明がわかったと言ったのでなければ、お前たちにまったく非はないであろう。だが、お前たち自身認めたように、私は明快に説明したはずだ。どうして命令に従わなかったのだ？　これは懲罰、軍罰に値する行為だ。軍人として、将軍の命令に従わない者は例外なく死に値する。よってお前たちには死を下す」

孫子はこう短く前置きすると、二つの部隊の女たちに、隊長二人を殺すよう命じた。女たちの警護を担当していた一人が、孫子が本気であることをその場で見て取り、すぐさま王の元へ急を告げに走った。王はすぐさま孫子の元へ人を遣り、それ以上続けること、特に王が、その存在抜きには生きられぬほど寵愛している姫二人に対して苛烈な扱いをすることをやめさせようとした。

孫子は王からの伝言に丁重に耳を傾けていたが、王の意向に従おうとはしなかった。彼はこう言った。

「王にお伝えください。わたくし孫子は、王が非常に理性的で、公正な人物であると思っているので、こんなにも早く心変わりし、貴殿が王の代わりに今伝えたことに、本当に従ってほしいと考えているとは思えない。掟を作るのは王です。私に与えた権威を失墜させるような命令を下すべきではありません。王は、百八十名の女たちに軍隊の教練を施すよう私に任務を与え、その将軍に私を任命しました。あとは私の仕事です。女たちは私の命令に従わなかった。だから死ななければならないのです」

最後の言葉を言い終わる間もなく刀を抜き、他の女たちの指揮をとっていた二人の頭を、それまで示していたのと変わらぬ冷血さで切り落とした。そして、二人の代わりにすぐ他の女を置き、先ほど取り決められたように再びさまざまな回数の太鼓を叩きだした。女たちは、まるで生まれながらの軍人のように、黙々と、的確に向きを変えた。

孫子は遣いの者に言った。

「女たちは訓練を会得したと王にご報告ください。彼女たちを戦場に連れ出し、あらゆる危険に立ち向かわせることも、水や火さえくぐらせることもできましょうと」

経緯を知った王は、愕然《がくぜん》とした。そして、深いため息とともにこう言った。

「この世で一番愛するものを私は失ってしまった、というのか。あんなよそ者、国へ帰してしまえ。今さらあんな奴、能力があろうと必要ではないわ。なんてことをしてくれたんだ、野蛮人めが。この先どうやって生きていけばいいのだ」

王がいかに悲嘆にくれようと、時代状況は、彼が喪失感に浸っている暇を与えなかった。敵はすぐにでも襲いかかろうとしていたのだ。王は孫子を再び登用し、将軍に任命した。そして楚王国[★4]を打ち破った。それまで王にとって大きな心痛の種となっていた近隣諸国も、孫子の活躍の噂におそれをなして、このような男を配下に持つ王の庇護下で、平和裏に過ごすことしか考えなくなった。

★原注4：楚王国は湖南にあり、首都は Kin-tcheou（訳注：該当する固有名詞が不明）であった。

以上が、英雄・孫子について中国人が持っているおおよその理解になる。中国人たちが語り伝えてきたことに従って叙述したこの事件から、たとえそれが真実であろうとなかろうと、厳格な行動が将軍の威信を保つ土台となっていると結論づけることができる。この行動指針は、ヨーロッパ諸国では有効とはいえないかもしれないが、名誉が必ずしも第一の動機とならないアジアの国においては秀でたものとなるのだ。

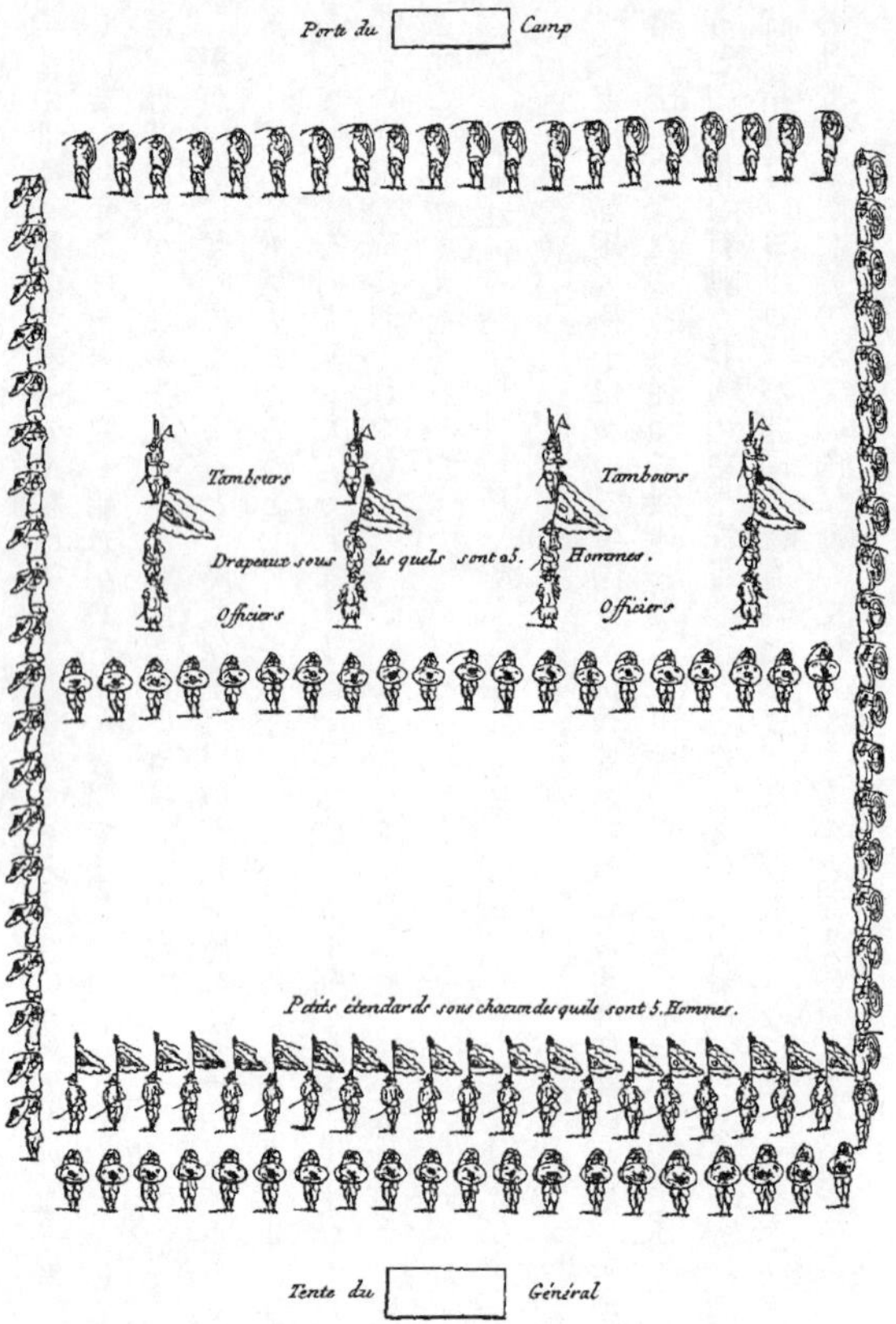
Porte du Camp
Tambours
Tambours
Drapeaux sous les quels sont 25. Hommes.
Officiers
Officiers
Petits étendards sous chacun des quels sont 5. Hommes.
Tente du Général

第1章　戦術の基礎（始計）

●［原文］

孫子曰、兵者国之大事、死生之地、存亡之道。不可不察也。

［一般的な日本語訳］

戦争は国家の重大事であって、国民の生死、国家の存亡がかかっている。それゆえ、細心な検討を加えなければならない。

［アミオ訳］

孫子は言った、
軍隊は国家にとって重大事だ。臣下や臣民の生死、王朝（l'Empire）の存亡がかかっている。軍隊に関わる事柄をよく熟考し、軍隊をうまく統制することに心を砕かないのは、われわれの最も大切なものを守り切れるか否かに対して、完全な無関心さを示してしまうようなものであり、もちろん、われわれが採るべき姿勢ではない。

[解説]

「兵」という漢字は、現在では「兵士」の意味が一般的だが、もともとは「軍隊」「兵法」「戦争」などの意味でも使われていた。たとえば「敗軍の将、兵を語らず」という有名な言葉の意味は「負けた将軍は、兵法を語らない」となる。この部分では、「戦争」と解釈するのが一般的だが、アミオ訳では「軍隊」と解釈している。

以下、基本的には「一般的な日本語訳」と「アミオ訳」との対比を中心に解説を付していくが、中国による十一人の歴史的な『孫子』解釈（十一家注）――曹操（魏）、孟氏（南朝梁）、李筌《りせん》（唐）、賈林《かりん》（唐）、杜牧（唐）、陳皞《ちんこう》（唐）、王皙《おうせき》（宋）、梅堯臣《ばいぎょうしん》（宋）、何延錫《かえんし》（宋）、張預《ちょうよ》（南宋）――なども必要に応じて参照していく。

● **[原文]**

故経之以五事、校之以計、而索其情。一曰道。二曰天。三曰地。四曰将。五曰法。道者、令民与上同意也。故可以与之死、可以与之生、而不畏危。天者、陰陽、寒暑、時制也。地者、遠近、険易、広狭、死生也。将者、智、信、仁、勇、厳也。法者、曲制、官道、主用也。凡此五者、将莫不聞、知之者勝、不知者不勝。

〔一般的な日本語訳〕

それには、まず五つの基本問題をもって戦力を検討し、ついで、七つの基本条件をあてはめて彼我の優劣を判断する。

五つの基本問題とは、「道」「天」「地」「将」「法」にほかならない。

「道」とは、国民と君主を一心同体にさせるものである。これがありさえすれば、国民は、いかなる危険も恐れず、君主と生死を共にする。

「天」とは、昼夜、晴雨、寒暑、季節などの時間的条件を指している。

「地」とは、行程の間隔、地勢の険阻、地域の広さ、地形の有利不利などの地理的条件を指している。

「将」とは、知謀、信義、仁慈、勇気、威厳など将帥の器量にかかわる問題である。

「法」とは、軍の編成、職責分担、軍需物資の管理など、軍制に関する問題である。

この五つの基本原則は、将帥たるもの誰でも一応は心得ている。しかし、これを真に理解している者だけが勝利を収めるのだ。中途半端な理解では、勝利はおぼつかない。

［アミオ訳］

常に念頭において、最大の注意を払うべき五つの基本事項がある。[★1]それは、高名な芸術家にもなぞらえられるものだ。ひとたび傑作と言われる作品にとりかかると、自ら定めた目標を常に心に据え、見るもの、聞くもの、すべてを活用し、目標到達に役立つ新知識や手段を身につける努力を怠らない、という。われわれの軍隊に栄光と成功をもたらしたいなら、次の五つを見失ってはならない。「教義」「天」「地」「将軍」「規律」[★2]だ。

★原注1：著者がこの書の対象としているのは、軍人一般であるが、特に将軍、将校クラスだといえる。

★原注2：「教義」という言葉はここでは「宗教」と置き換えられる。というのも教義は実際中国人にとって宗教そのもの、少なくとも、偶像崇拝的で滑稽な迷信に汚染されていない宗教であるといえるのだ。著者がここで触れようとしている「教義」とは、理性の光によってあらかじめ啓示された道徳を人々に教えるものだ。「天」という言葉で著者が語ろうとするのは、さまざまな季節、気温下における、多様な気候のもとでの空がわれわれに見せる自然の摂理に関する知識である。また「陰」と「陽」という二つの原理についてもあらわしている。これらによって、あらゆる自然の摂理は作られ、基本要素はさまざまな変容を遂げる。一般的に「陰」と「陽」は、中国自然学の体系における二つの原理のことで、「太極」と呼ばれるさらに上位の原理によって動きが起こり、それが宇宙を構成する万物を生み出していくとされている。「地」という言葉ではおそらく、地理的知識、各地の特殊な地形に対する知識をあらわしている。中国人が考えを表現する方法は、ものを考察するやり方に似ている。その大部分が機知に富んでいようが、思考が優れて的確であろうが、発想が明晰で見事であろうが、それを表現する段になると、われわれが読み解くのに多大な苦労を要する難問となるのだ。たとえいくつかの事柄がたった一つの文字で表されていたとしても、そこで扱っている事柄が著者と同じように頭にあるわけではない読者が、まったく理解できない、もしくは一部しか理解できないということがないように注意を払うということは一切せず、このような文字を使うのだ。このことをまず冒頭で記しておきたい。

「教義」はわれわれみなに同じ気持ちを生じさせるものだ。生死についての行動指針を示して、誰もが等しく苦境や死を恐れなくなる。

もし「天」をよく知るのなら、二つの基本原理「陰陽」が何であるかを理解しない訳にはいかない。陰陽の集合離散が、寒さ、暑さ、天候の良し悪しを決めていることがわかるだろう。

「地」は「天」と同じように注意を必要とするものである。地についてよく研究すれば、その高低、遠近、広狭、そしてそこに住む者と通り過ぎるのみの者についての知識を持つことができよう。

「教義」、公正さ、そして特にわれわれに従属する人々や人類一般に対する愛、苦境を切り抜けるための知識、勇気、才能、これらが「将軍」の品位を備える人物を特徴づける資質となる。いずれも、身につけるには一切の手抜きが許されない必須の美徳だ。人の先頭に立って堂々と行進する人物に値する資質にほかならない。

私がこれまで述べてきた事柄に関する知識に加えて、「規律」の知識も必要になる。軍隊を編成する技術を持ち、上下関係の掟を厳守させ、下級将校たちの職責についても熟知し、ひとつの目的を達するためのさまざまな方法を見つけることができ、あらゆる有用な事柄についての正確な詳細に立ち入ることを厭わず、それらの個別の事情をわきまえる――これらすべてがまとまって、規律の重要部分をなしている。これらの実践的知識は、将軍としての慧眼や配慮にどれ一つとして欠かせないものだ。

軍隊の長として君主に選ばれたそなたたちが、今私が打ち立てた五つの基本原理を自らの軍事技法の基盤とするならば、勝利はそなたらの行く先々についてくるだろう。反対に、無知や思い上がりから、これらを欠かしたり、投げ出してしまえば、恥ずべき敗北を喫するに違いない。

［解説］

アミオ訳にある「教義」は原文では「*La Doctrine*」であり、他に学理、学説、主義、主張といった意味がある。また「規律」は原文では「*La Discipline*」。他に学科、教科、訓練、しつけ、懲罰といった意味を持つ。

アミオの訳文には、長大な注釈が頻繁に登場する。これは、中国の古代にまったく不案内な当時の西欧の人々への理解の手がかりとして、挟み込まれたものだ。アミオの訳文に対しては、「説明や解釈が入り過ぎて原文を大幅に逸脱している」という批判もあるが、訳と注釈部分をきちんと腑分けしていくと、訳文自体には批判されるほどの逸脱はない部分も多い。

●【原文】

故校之以計、而索其情。曰、主孰有道、将孰有能、天地孰得、法令孰行、兵衆孰強、士卒孰練、賞罰孰明。吾以此知勝負矣。将聴吾計、用之必勝。留之。将不聴吾計、用之必敗。去之。

【一般的な日本語訳】

さらに、次の七つの基本条件に照らし合わせて、彼我の優劣を比較検討し、戦争の見通しをつける。

一、君主は、どちらが立派な政治を行っているか。
二、将帥は、どちらが有能であるか。
三、天の時と地の利は、どちらに有利であるか。
四、法令は、どちらが徹底しているか。
五、軍隊は、どちらが精強であるか。
六、兵卒は、どちらが訓練されているか。
七、賞罰は、どちらが公正に行なわれているか。

わたしは、この七つの基本条件を比較検討することによって、勝敗の見通しをつけるのである。

王が、もしわたしのはかりごとを用い、軍師として登用するなら、必ず勝利を収めることができる。それなら、わたしは貴国にとどまろう。逆にわたしのはかりごとを用いなければ、かりに軍師として戦いにのぞんだとしても、必ず敗れる、それなら、わたしは貴国にとどまる意志はない。

[アミオ訳]

私が今示した知識があれば、世界を統治する王[★1]のなかで誰が最も優れた教義と美徳[★2]の持ち主なのか、見分けることができるだろう。他の王国に仕えている優れた将軍も、見分けることができるようになる。ひとたび戦争となれば、どの国が勝利を収めるのか的確な予測もできるだろう。もし自身が戦争に加わることになっても、己の勝利が理性的に予期しうるものとなるに違いない。

★原注1：著者は当時中国を支配していた他の君主のことをさしている。

★原注2：ここで「教義」と「美徳」と訳した言葉は、「慣習」「風習」「しきたり」ということも意味しているといえる（訳注：「道」のこと）。

また、この知識があれば、そなたの軍隊の出陣に有利に作用する「天」と「地」の調和[★3]がいつ訪れるのかを知ることができ、そなたの軍に採るべき進軍経路を示し、すべての進軍行程を適宜決定することができるであろう。時宜にかなわず戦争を始めることも終わらせることもなくなるに違いない。倒すべき敵のみならず、そなたたちの手にゆだねられた者たちの、強みと弱みを理解することであろう。敵と味方、二つの軍隊の武器弾薬や糧食が、どれ程の量や状態なのかもわかるに違いない。惜しむことなく、しかし相手を選んで褒賞を与えたり、必罰に撤するようになるだろう。

★原注3：中国の自然学の原理によれば、季節などの美しさを生み出すのは天と地の調和である。天と地によって、中国人は二つの一般基本原理である「陰陽」もあらわしている。また先に述べたように、「太極」によって動きが伝えられ、その力によって変化する物質もあらわしている。

そなたの徳とすばらしい指揮ぶりを称えて、将官たちはそなたへの補佐を、嫌々ながらの義務とは感じずに、喜びに思うことだろう。彼らはそなたの考えをすべて理解し、これが模範となってその下の者たちを導くこととなり、一般兵もその力を最大限発揮して、栄光の勝利へと団結して突き進むに違いない。そなたは名声を勝ちとり、尊敬され、祖国に愛でられ、隣国の民さえそなたが仕える君主の旗の元に喜んでつき従い、ある者はその支配下に入り、またある者は単に庇護下に入る目的でやってくることであろう。★4

★原注4：ここで著者は、彼が当時いた国や、時代の話をしている。中国の王朝（Empire）はいくつかの国に分かれており、その統治者間で戦争が勃発していないことは稀だった。各々が何を利益とするかはさまざまだったので、それぞれ適した方法で手に入れようとしたが、なかでも確実な方法の一つとされたのは、隣国の民を自国に引きつけることであった。

［解説］

アミオ訳の最終段落は、一般的な日本語訳では、『孫子』の著者（孫武と推定される）が呉王闔閭に対して「自分を登用して、きちんとそのはかりごとを用いるつもりなら呉に『とどまる』が、そうでなければ他国へ行くぞ」と迫る内容になっている。一方アミオは、卓越した将軍のもとには、部下の将官はもとより、一般の兵、さらには隣国の民までやってきて「とどまろうとする」という内容になっている。主語が「孫武」か「将官、一般の兵士、隣国の民」なのかで大きく解釈が異なっている。

●

〔原文〕

計利以聴、乃為之勢、以佐其外。勢者因利而制権也。兵者詭道也。故能而示之不能、用而示之不用、近而示之遠、遠而示之近、利而誘之、乱而取之、実而備之、強而避之、怒而撓之、卑而驕之、佚而労之、親而離之。攻其無備、出其不意。此兵家之勝、不可先伝也。夫未戦而廟算勝者、得算多也。未戦而廟算不勝者、得算少也。多算勝、少算不勝。而況於無算乎。吾以此観之、勝負見矣。

〔一般的な日本語訳〕

さて、以上述べた七つの基本条件において、こちらが有利であるとしよう。次になすべきことは、「勢《せい》」を把握して、基本条件を補強することである。「勢」とは、その時々の情況にしたがって、臨機応変に対処することをいう。

戦争は、しょせん、だまし合いである。

たとえば、できるのにできないふりをし、必要なのに不必要と見せかける。遠ざかると見せかけて近づき、近づくと見せかけて遠ざかる。有利と思わせて誘い出し、混乱させて突き崩す。充実している敵には退いて備えを固め、強力な敵に対しては戦いを避ける。わざと挑発して消耗させ、低姿勢に出て油断をさそう。休養十分な敵は奔命に疲れさせ、団結している敵は離間をはかる。敵の手薄につけこみ、敵の意表をつく。

これが勝利を収める秘訣である。これは、あらかじめこうだときめてかかることはできず、たえず臨機応変の運用を心がけなければならない。

開戦に先だつ作戦会議で、勝利の見通しが立つのは、勝利するための条件がととのっているからである。逆に、見通しが立たないのは、条件がととのっていないからである。条件がととのっていれば勝ち、ととのっていなければ敗れる。勝利する条件がまったくなかったら、まるで問題にならない。

この観点に立つなら、勝敗は戦わずして明らかとなる。

［アミオ訳］

これらの知識をもってすれば、自分ができること、できないことを等しく知り、そなたの戦いは必ず成功を収めるだろう。目前の出来事のように遠くの出来事がわかり、あたかも遠くの出来事のように近くの出来事が見られるようになる。

もし敵同士で争いが起きたなら、それを巧みに利用して、不平分子を自国へ引き寄せればよい。褒賞は、当初の契約やその貢献より下回ることがあってはならない。

もし敵がそなたよりも力があり、強ければ、決して攻撃を加えてはならない。細心の注意を払い、彼らとの戦いを避けることだ。常に細心の注意を払って、自分たちのありのままの状況を晒さないようにしなくてはならない。

自らを卑下したり、脅えているように見せかけることも必要になる。時に弱いふりをしてみせれば、敵は増長して傲慢になり、誤ったタイミングで攻撃を仕掛けて逆に不意討ちを食らい、恥ずべき壊滅に向かうに違いない。自分より下層の部下に、そなたの計画を見抜かれないようにもすべきだ。軍隊は、常にきびきびと、そして絶え間なく活動させ、休息によって弛緩させてはならない。内輪揉めに悩まされることがないよう、皆が一つの家族と見紛うような、平穏で、まとまった共同体を人々がつくれるよう気を配らなければならない。食糧やその他日常品をいつ使い果たしてしまうのか、優れた先見力によって心積もりし、すべてのものを常に豊富に備えなければならない。いくつもの偉業を成し遂げたのち、そなたは家族たちの懐へと戻っていく。平和による恩恵は、すべてあなた様のおかげです、という賛辞を贈って止まない市民たちの喝采に囲まれながら、勝利の成果を静かに噛み締めることになるだろう。以上が、私が自身の経験から導き出した教えであり、そなたに伝えることを私の義務だと信ずる事柄になる。

［解説］

冒頭二段落は、一般的な日本語訳とは大幅に異なっている。全体の流れから考えると、それぞれ次のような対応になっていると考えられる。

・計利以聴、乃為之勢、以佐其外――これらの知識をもってすれば、自分ができること、できないこと（計利）を等しく知り（以聴）、そなたの戦いは必ず成功を収めるだろう（為之勢）。目前の出来事のように遠くの出来事がわかり、あたかも遠くの出来事のように近くの出来事が見られるようになる（以佐其外）。

・勢者因利而制権也――もし敵同士で争いが起きたなら、それを巧みに利用して、不平分子を自国へ引き寄せればよい（勢者因利）。褒賞は、当初の契約やその貢献より下回ることがあってはならない（而制権也）。

第2章　戦争の開始（作戦）

★訳注：作戦とは、今の「作戦」の意味でなく「戦いを作《お》こす」こと。つまり、戦争をするならば、の意。

〔原文〕

孫子曰、凡用兵之法、馳車千駟、革車千乗、帯甲十万、千里饋糧。則内外之費、賓客之用、膠漆之材、車甲之奉、日費千金、然後十万之師挙矣。其用戦也、勝久則鈍兵挫鋭。攻城則力屈。久暴師則国用不足。夫鈍兵挫鋭、屈力殫貨、則諸侯乗其弊而起。雖有智者、不能善其後矣。故兵聞拙速、未睹巧之久也。夫兵久而国利者、未之有也。故不尽知用兵之害者、則不能尽知用兵之利也。

〔一般的な日本語訳〕

およそ戦争というのは、戦車千台、輸送車千台、兵卒十万もの大軍を動員して、千里の遠方に糧秣《りょうまつ》を送らなければならない。したがって、内外の経費、外交使節の接待、軍需物資の調達、車輛・兵器の補充などに、一日千金もの費用がかかる。さもないと、とうてい十万もの大軍を動かすことができない。

たとい戦って勝利を収めたとしても、長期戦ともなれば、軍は疲弊し、士気も衰える。城攻めをかけたところで、戦力は底をつくばかりだ。長期にわたって軍を戦場にとどめておけば、国家の財政も危機におちいる。

こうして、軍は疲弊し、士気は衰え、戦力は底をつき、財政危機に見舞われれば、その隙に乗じて、他の諸国が攻めこんでこよう。こうなっては、どんな知恵者がいても、事態を収拾することができない。

短期決戦に出て成功した例は聞いても、長期戦に持ちこんで成功した例は知らない。そもそも、長期戦が国家に利益をもたらしたことはないのである。それ故、戦争による損害を十分に認識しておかなければ、戦争から利益をひき出すことはできないのだ。

［アミオ訳］

孫子は言った、

戦争を始めるにあたっては、以下のような事態が予測される。十万の兵をそろえ、武器弾薬、食糧を十分に備え、二千台の車、うち千台は戦車、千台は輸送専用車[★1]を用意しなければならない。また百リューの果てまで、軍隊の維持に欠かせない食糧を行き渡らせる必要がある。★2 武器や車両の修繕に役立つあらゆるものを注意して移送し、職人や軍には属していないその他の人々を、軍隊に前後して移動させなければならない。また、もっぱら戦争に使うもの同様に、外交に使うためのものを、★3 常に風雨の浸食や手に負えぬ事故から保護しておく必要がある。また、軍隊に分配するために、日に千オンスの金★4が必要となる。そして、兵には常に期日通りにきっちりと給料を払わなければいけない。こうして初めて、敵に突進することができる。そなたにとり、攻撃がすなわち征服を意味することとなろう。さらに言うならば、開戦をダラダラと先延ばしにしてはいけない。また、武器が錆びついたり、剣の切れ味が鈍ったりするまで待ってはならない。もし町を奪取したければ、迅速にその町を攻め囲みなさい。まず、そこへ気持ちを集中し、ありったけの力を向けなさい。あらゆることは急いで成されなければならない。さもなければ、軍は、長期に渡って戦争を続けるという危険を冒すこととなる。そうなれば、そなたはどれだけの不幸をもたらす源となってしまうことだろうか？　君主の金庫は枯渇し、錆ついた武器はもはやそなたに役立つことはなく、兵の戦意は勢いを失い、彼らの勇気と力は消え去ることだろう。また食糧の貯えは消費し尽くされ、時としてそなたでさえ耐え難い困窮に陥るかもしれない。そしてそなたの惨めな状況を知り、敵は勢いを取り戻し、そなたに襲いかかって粉砕してしまうことだろう。その日までそなたがどんなに大きな名声を得ていようと、それ以降決して尊厳を持った己を見せることはできなくなる。他の場面においてそなたの価値を明白に証明してきた実績も無駄となり、それまで手にしてきた栄光はこの最後の敗北によってかき消されてしまう。もう一度繰り返すが、軍を長く戦争に従事させることは、必ず国に大きな損害を与え、その名声に致命的な傷を与えるのだ。

★原注1：文章を文字通り訳せば、「走るための車千台、皮革で覆われた車千台」というべきであろう。

★原注2：この一文は以下のようにも訳すことができる。「千里の道のりをもたせるための十分な食糧を備える必要がある」。千里とは百リュー（訳注：一リューは約四キロメートルで、日本のおよそ一里にあたる）のこと。というのも、中国の十里はおよそ一リューになるからだ。

★原注3：この一文は「外交に使うためのもの」というよりも、「外国人向けのもの」と言いたいようだ（訳注：この部分はアミオもうまく解釈できず、曖昧な訳文になっている。原文は"des usages étrangers"）。

★原注4：著者が生きていた国、またその時代においては、千オンスの金は相当な額であった。しかも孫子は、兵士への支払いだけについて言おうとしているのではなく、この千オンスの金には将校の給料はまったく含まれていないといえるだろう。一オンスは、今日の中国ではわれわれの貨幣で言う七リーブルと十スー（訳注：リーブルとスーは、十八世紀まで使われていたフランスの通貨）に相当する。ところが、十万の兵がいる軍隊に対して千オンスとすると、一人当たり一・五スーにしかならない。現在でいえば、これは非常にわずかな額だ。著者が必要としている千オンスは、日々の給料に上乗せする分でしかないといえる。今説明したように、この推測は最も文に適ったものであるが、私には十分に根拠があるようには思えない。というのも、国家は常に女性、子供、そして戦争に赴いている人々の親族すべての生活を維持していく責任があり、それぞれの兵士に、通常の給料の他に、孫子が必要であると言っているような日々の賞与があったとは考えられないからだ。

［解説］

現代でも使われる「兵聞拙速（兵は拙速を聞く）」という一節、歴史的な解釈では、アミオ訳と同じ「開戦や実行の決断の速さ」「チャンスと見れば少々準備不足でも行く」といった方向性のものが主流であった。ただしそれでは「長期戦」との対比が成り立たないうえに、リスク最小化を目指す『孫子』全体の基調とそぐわないため、現代では「早く終わらせすぎたというくらいで戦争を終わらせること」と解釈するのが一般的になっている。

また、最後の部分は「用兵之害」と「用兵之利」とを対比した記述になっているが、アミオ訳ではそれぞれ「戦場での敗北や名誉の失墜」「今までの輝かしい戦歴や名声」と解釈されている。

●【原文】

善用兵者、役不再籍、糧不三載。取用於国、因糧於敵。故軍食可足也。国之貧於師者遠輸。遠輸則百姓貧。近於師者貴売。貴売則百姓財竭。財竭則急於丘役。力屈財殫、中原内虚於家。百姓之費、十去其七。公家之費、破車罷馬、甲冑矢弩、戟楯蔽櫓、丘牛大車、十去其六。故智将務食於敵。食敵一鍾、当吾二十鍾、萁秆一石、当吾二十石。故殺敵者怒也。取敵之利者貨也。

【一般的な日本語訳】

戦争指導にすぐれている君主は、壮丁の徴発や糧秣の輸送を二度三度と追加することはしない。装備は自国でまかなうが、糧秣はすべて敵地で調達する。だから、糧秣の欠乏に悩まされることはない。

戦争で国力が疲弊するのは、軍需物資を遠方まで輸送しなければならないからである。したがって、それだけ人民の負担が重くなる。また、軍の駐屯地では、物価の騰貴を招く。物価が騰貴すれば、国民の生活は困窮し、租税負担の重さに苦しむ。かくして、国力は底をつき、国民は窮乏のどん底につきおとされ、全所得の七割までが軍事費にもっていかれる。また、国家財政の六割までが、戦車の破損、軍馬の損失、武器・装備の損耗、車輌の損失などによって失われてしまう。

こういう事態を避けるため、知謀にすぐれた将軍は、糧秣を敵地で調達するように努力する。敵地で調達した穀物一鍾《しょう》は自国から運んだ穀物の二十鍾分に相当し、敵地で調達した飼料一石《せき》は自国から運んだ飼料の二十石分に相当するのだ。

兵士を戦いに駆りたてるには、敵愾心《てきがいしん》を植えつけなければならない。また、敵の物資を奪取させるには、手柄に見合うだけの賞賜を約束しなければならない。

［アミオ訳］

戦術の本当の基本原理を知っている者は、同じことを二度繰り返さない。最初の遠征ですべてを片づけてしまう。三年もの間ダラダラと食糧を消費したりはしない。食糧は敵から調達することで軍隊に食べさせていく方法を見つけ、遠方からすべての食糧を輸送する際に必要とされる莫大な金額を国に負担させたりはしないのだ。そなたも知っておくべきことだが、戦術を知る者であれば、この件に関する出費ほど国を疲弊させるものはないという事実から、決して目をそらすことはない。軍隊が国境にいようが、遠方の国にいようが、人々は常にこの負担に苦しめられる。生活に必要なものはすべて値上がりして品薄になり、普段は最も裕福な人々でさえ、それを買うだけのお金がすぐになくなってしまう。また君主は各家族が負っている食糧税を性急に徴収しようとする。★1 貧困は町の中心部から地方にまで広がり、人々は必要なものの十のうち七までを国に徴収されることを余儀なくされる。人々の不幸を、君主までもが同様に感じるようになる。鎧、兜、矢、弓、盾、戦車、槍、投げ槍、これらすべては破損し、馬、そして領土を耕す牛までもが弱っていく。そして通常の国費のうち六割を、戦争のためにどうしようもなく奪われてしまう。智将が戦争を短く終わらせ、敵から奪ったもので兵を養ったり、少なくとも必要であれば金銭を払ってでも他国の食糧を確保したりするためにあらゆる手を尽くすのは、この惨憺《さんたん》たる結果を避けるためなのだ。

もし敵軍の基地に穀物が一升あるとしたら、自国であれば二十升用意しなければならない。★2 もし敵軍に百二十リーブルの飼い葉があるとすれば、自国であれば、二千四百リーブル用意しなければならない。★3 敵を困らせるどんな機会も逃してはならず、少しずつ敵を滅ぼし、敵をいらつかせて、策略にはまりやすくなるような方法を見つけ出さなければならない。敵に牽制をしかけさせたり、時に敵の分遣隊をいくつか殲滅したり、輜重隊や軍需品、その他自分たちに役立つものを奪い取るなどして、できる限り敵の力を弱らせなければならない。

★原注1：中国で最も古い租税は、耕作されている土地全部に対する十分の一税であった。皇帝たちは、金属やその他の商品、特定の食糧などに違った税を徐々に課すようになった。また、違った国々からの商品には輸入税をかけた。今日でもヨーロッパの王国とほぼ同様の関税がある。
★原注2：原文は以下のようである。「もし敵軍に一鍾あるとすれば、二十鍾用意しなければならない」。この「鍾」は昔の単位で、十斗（訳注：六斗の間違いと思われる）と四升、つまり、六十と四升にあたる。というのも一斗は十升であるからだ。例えば米一升の重さは普通十中国リーブルで、一中国リーブルは、十六オンスにあたり、中国オンス対パリオンスは、十対九、より正確にいうと九対八である。というのは、パリオンスは八グロに価し、中国オンスは同等のグロでいうと九グロとなるからだ。数年前に私自身で、このお互いの対価について非常に正確に実験してみた。
★原注3：原文は以下のようである。「もし敵が馬のための麦わら、牧草、穀類を一石(un chê)持っていれば、」。「一石」は百二十リーブルの重さに価する単位である。また、一中国ボワソーとほぼ同等の単位の十倍に価する。

［解説］

以下、単位について。

前の段落に出てくる「千金」は、『漢書』食貨志にある「一金＝一斤」をもとに計算すると二百五十六キロとなる。アミオ訳は「千オンス」であり中世のフランス・オンスで換算すると三十・五八八一で一桁足りない。解説者の計算ないしアミオに勘違い等があると考えられ、識者の指摘を俟《ま》ちたい。

また、中国リーブルとあるのは、おそらく「斤」のことであり、清朝のときには五百九十六・八二グラムであった。アミオ注の計算式にオンスをあてはめると約五百五十キロとなり、ほぼ等しい。

また、一石は百二十リーブルとあるが、これは現代の百二十キログラムに当たる。

●

〔原文〕

故車戦得車十乗已上、賞其先得者、而更其旌旗、車雑而乗之、卒善而養之。是謂勝敵而益強。故兵貴勝、不貴久。故知兵之将、生民之司命、国家安危之主也。

〔一般的な日本語訳〕

それ故、敵の戦車十台以上も奪う戦果があったときは、まっさきに手柄をたてた兵士を表彰する。そのうえで、捕獲した戦車は軍旗をつけかえて味方の兵士を乗りこませ、また俘虜にした敵兵は手厚くもてなして自軍に編入するがよい。

勝ってますます強くなるとは、これをいうのだ。

戦争は勝たなければならない。したがって、長期戦を避けて早期に終結させなければならない。この道理をわきまえた将軍であってこそ、国民の生死、国家の安危を託すに足るのである。

［アミオ訳］

兵士が、敵から十以上もの戦車を奪ったとしたら、まずその計画をたてた者、実行した者に対して、気前のよい褒賞をわけへだてなく与えなければならない。奪った戦車は自国のものと同じように使い、ただし、そこにあるであろう敵の印は取り除く。[★1] 捕虜の待遇はよくし、自国の兵士と同様に食事を与え、できうれば、自分の基地、もしくは郷里に抱かれていたときさえも上回るように、居心地がよいと感じさせるようにすべきである。決して無為に過ごさせず、必要な警戒心は持ちながらも、彼等に任務を与えて、利用しなさい。わかりやすくいえば、自らの意志でこちらの旗の下に編入された隊と同様に彼らに対しても振る舞うのだ。[★2]

★原注1：ここでいう敵の印というのは、主に戦車や荷車が塗られている色であったり、そこに彫られている文字であったりするが、特に小さな四角い旗である。この旗は、十五人ずつ、または十人ずつなどの班ごとの識別ができるように図柄が描かれている。なかには五人ずつというものもあるが、これは小さいというだけでなく、三角形である。互いに、旗、軍旗を意味するそれぞれの「図」の名でよびあった。

★原注2：征服者にとって、捕虜を自国の兵士と同様に雇い入れることは容易であった。

というのも、戦争において対峙している人々、つまり、戦っている集団は、同じ言葉を話し、ひとつの同じ国家を作っているからだ。中国人と戦っているのは中国人であった。ここでは、最も一般的な戦争の話を私はしている。

もし、私のいま話したことをそなたが正確に実行すれば、成功はそなたについてまわり、どこにおいても征服者となるだろう。兵士の生命に気をくばり、また、既存の国土に新しい領土を加えてそなたの国を強固にし、国の繁栄と栄光の増大に寄与すれば、以後訪れる平穏で静かな日々の恩義を、王や臣下はそなたに感じるようになるに違いない。これ以上、そなたの傾注や努力に値する目標があるだろうか。[★3]

★原注3：孫子がつねに自論の中で、王国の幸福や栄光を負わせているのは、将軍の巧妙な手管や優れた素行である。これは昔の本で言われていたこと、というだけではない。今日でもいえることなのだ。しかし、成功の鍵が将軍にあるとはいえ、不都合な事態が起きた場合の責任をとるのも将軍になる。とがむべきであろうがなかろうが、過失があろうが、まったくなかろうが、一度敗北が決定すれば、命を失うか、少なくとも罰せられる。これは一見理にかなわないように思える。が、少し掘り下げて考えて、これを中国にあてはめるとすれば、そうは思わないに違いない。中国王朝（l'Empire）に冠たる素晴らしい秩序の一部を負っているのは、事実、この指針をここでは誰もがしきたりであると納得していることにほかならないのだ。

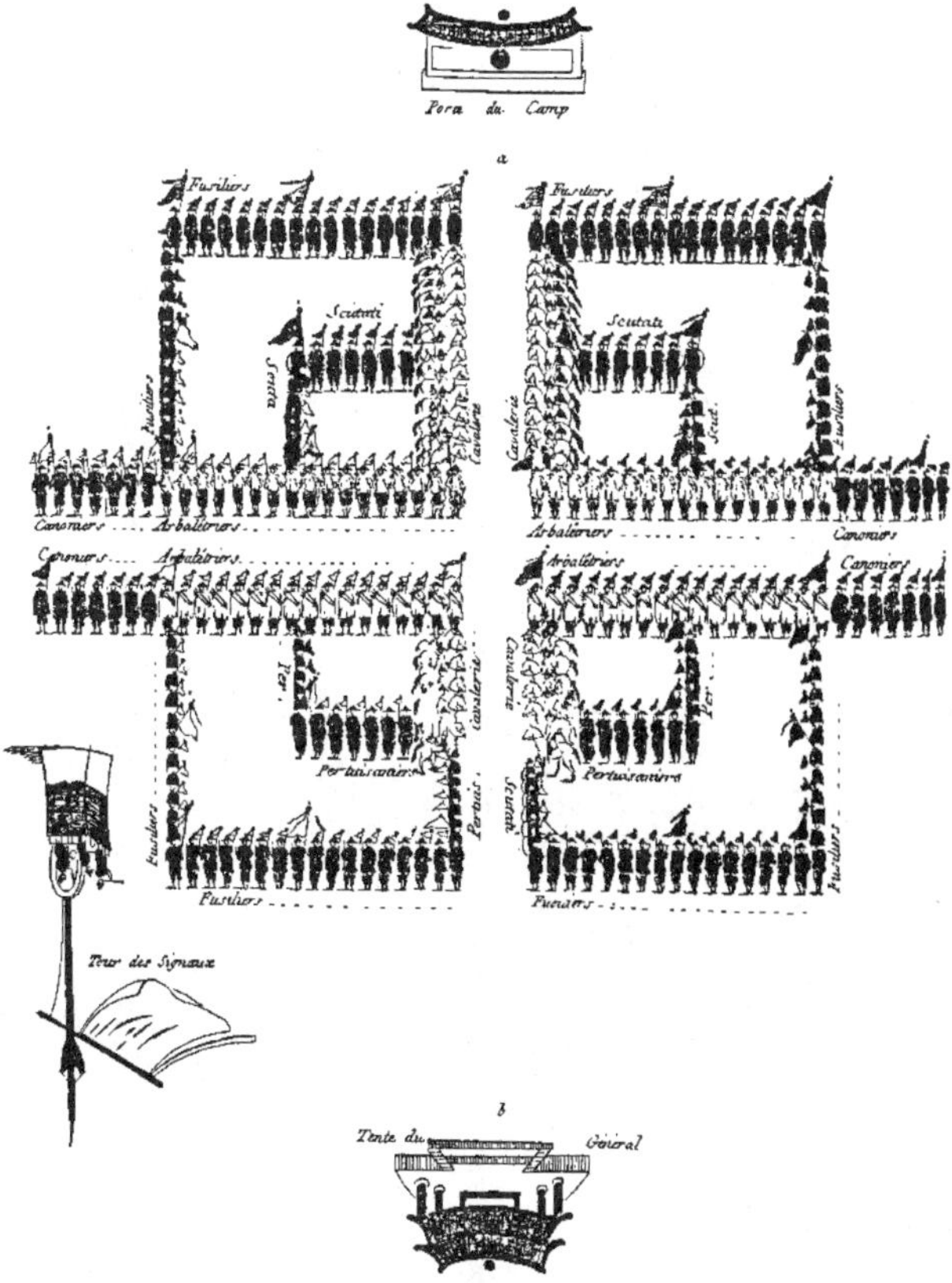
Porte du Camp
a
Fusiliers
Scutati
Scutata
Cavalerie
Canoniers
Arbalétriers
Pertuisaniers
Tour des Signaux
b
Tente du Général

第3章 戦争以前に予見しておかなければならないこと（謀攻）

●

〔原文〕

孫子曰、凡用兵之法、全国為上、破国次之。全軍為上、破軍次之。全旅為上、破旅次之。全卒為上、破卒次之。全伍為上、破伍次之。是故百戦百勝、非善之善者也。

〔一般的な日本語訳〕

戦争のしかたというのは、敵国を傷《いた》めつけないで降服させるのが上策である。撃破して降服させるのは次善の策にすぎない。また、敵の軍団にしても、傷めつけないで降服させるのが上策であって、撃破して降服させるのは次善の策だ。大隊、中隊、小隊についても、同様である。

したがって、百回戦って百回勝ったとしても、最善の策とはいえない。

［アミオ訳］

孫子は言った、

町々を制圧したり、戦いに勝つことを望む前に、よく理解しておかなければならない金言がある。

そなたの仕える君主の所有物や権利の防衛こそ、そなたが最も念頭に置くべきことだ。敵への侵略によって、君主の所有物や権利を広げていくことは、やむを得ない場合にのみ行わなければならない。

そなたの国の町々の平和を守ることが、そなたの基本任務となる。敵の町々の平和を乱すことは、やむなく採るべき最終手段に過ぎない。

味方の村々をあらゆる攻撃から守ることは、そなたが第一に肝に銘じるべき事柄だ。敵の村々への侵略は、必要なときだけに着手すべきだ。

小集落や、陛下の臣民たちの小さな藁屋でさえも、どんな些細な損害も被らないように防ぐこともまた、そなたの注力に値する。敵の小集落、小さな藁屋に大きな損害を与えることは、本当に逼迫したときにしか、やってはならない。★1

★原注1：中国のある注釈者はこの章の冒頭に関して、少し違った解釈をしている。彼の解説がどんなに昔の中国の道義に適っていようと、私はそれに追随すべきではないと確信している。というのも、その解説は、著者の真の意図を汲み取っておらず、彼の主義のいくつかとは正反対のことを述べているように思われるからだ。ここでこの注釈者の見解を掲載する。「敵の所有物を保存することは、完璧な振る舞いとして第一義に置かれるべきだ。敵の所有物を破壊してしまうことは、必然性があったからでなければならない。敵の軍、旅、卒、伍の平和と平穏を守ることは、そなたの神経を全て傾けるに値する。それらを乱し、混乱させることは、自らに値しない行為とみなすべきだ」。さらに注釈者は続ける。「もしある将軍がそのように行動できるとしたら、その行為は、最も高潔な人物のそれと等しいとさえいえる。その行いは、事物を破壊するよりむしろ創造し、保とうとする天と地とに調和するものとなる。天は人間の流血を決して許さない。天は人々に命を与えるものであり、天のみがそれを断ち切ることができる」。彼はこうつけ足している。「これが孫子の言わんとしたことの真の解釈である」。私が町々、村々、小集落や小さな藁屋という単語で置き換えたのは、中国人が、軍、旅、卒、伍と呼ぶものになる。この語彙の文字通りの意味を説明しよう。「軍」は一万二千五百人を抱える場所、「旅」は五百の家族、「卒」は百の住民をそれぞれ抱える場所、「伍」は五家族のみの住居を意味する（訳注：軍、旅、卒、伍は一般的には軍の単位として解釈されている）。

これらの金言をひとたび心に深く刻み込めば、町々を攻撃し、戦いを始めたとしても勝利できることを、私は保証しよう。さらに言うならば、百の戦いを交えたならば、百の勝利がもたらされるだろう。しかしながら、戦争と勝利の代価として、敵を征服しようとしてはならない。なぜなら、善を超越したものが、それ自体が善ではなくなるようなことが起こり得るならば、善を超越すればするほど危険で悪い方へ近づくことになる場合もその一つにあたるからである。

［解説］

五段落目まで、一般的な日本語訳とアミオ訳では解釈が正反対となっている。まず日本語訳では、原注のなかでアミオが「著者の真の意図を汲み取っておらず、彼の主義のいくつかとは正反対のことを述べているように思われるからだ」と指摘する解釈――つまり「痛めつけない（全うする）」対象を「敵やその軍隊」ととる。一方、アミオ訳では「自分の仕える王の所有物（町や村、家々）や権利」と解釈する。曹操をはじめとする「十一家注」に、アミオ訳と同じ方向性のものはない。

また最終段落、非常に有名な「百戦百勝、非善之善者也（百戦百勝は善の善なる者に非ず）」の解釈も大きく異なっている。日本語訳では、「軍事的な消耗戦を何度も繰り返すのは、最善ではない」ととる。一方、アミオ訳では、「百戦百勝するのは善だが、それ以上のもの（善之善者）を追い求めると、必ずしも善でなくなる場合がある」と解釈する。

この場合、「それ以上のもの（善之善者）」には、二種類あり「敵を征服する」は悪へと向かう道、「戦わずして勝利する」のはさらなる善に向かう道、と区分けされている。

●【原文】

不戦而屈人之兵、善之善者也。故上兵伐謀。其次伐交。其次伐兵。其下攻城。攻城之法、為不得已。修櫓轒轀、具器械。三月而後成。距闉又三月而後已。将不勝其忿、而蟻附之、殺士三分之一、而城不抜者、此攻之災也。

【一般的な日本語訳】

戦わないで敵を降服させることこそが、最善の策なのである。

したがって最高の戦い方は、事前に敵の意図を見破ってこれを封じることである。これに次ぐのは、敵の同盟関係を分断して孤立させること。第三が戦火を交えること。そして最低の策は、城攻めに訴えることである。城攻めというのは、やむなく用いる最後の手段にすぎない。

城攻めを行おうとすれば、大盾《おおだて》や装甲車など攻城兵器の準備に三カ月はかかる。土塁を築くにも、さらに三カ月を必要とする。そのうえ、血気にはやる将軍が、兵士をアリのように城壁にとりつかせて城攻めを強行すれば、どうなるか。兵力の三分の一を失ったとしても、落とすことはできまい。城攻めは、これほどの犠牲をしいられるのである。

[アミオ訳]

戦わずして、勝利するよう努めなさい。そうすれば、善の上に超越すればするほど、比類ない善の方向へと近づくこととなる。敵の策略を見破り、計画を頓挫させ、敵軍の中に不和の種をまき、常に彼らの気をもませ、得られるはずであった他国の援助を妨害し、自らを有利とするために彼らがとれる方策のすべてを奪いとることにより、優れた将軍はこれをやり遂げる。

もし要塞を攻撃し、制圧することを余儀なくされたなら、戦車[★1]や盾、攻め込むために必要なあらゆる武器を、いざという時最良の状態で使えるよう整備しておく必要がある。また、特に要塞が降伏するまでに三カ月以上かからないようにすべきだ。もしこの期間を過ぎてもまだ目的を達していないのであれば、必ず何かしらの落ち度があったはずだ。これを挽回するためには、あらゆる手を尽くさなければならなくなる。軍隊の司令官として努力に努力を重ね、アリのような不眠不休、活力、熱意、執拗さで猛攻をかけていく[★2]。その前に、自らの陣地や、その他必要な堡塁を作っておくことも必要だ。また、籠城する敵軍を監視するための方形堡[★3]を築いたり、予見し得るかぎりの障害に備えておかなければならない。これだけのことをしたとしても、勝利できないうえに、兵の三分の一を失うという不幸に見舞われることもある。攻撃は失敗であったと認めざるを得なくなるのだ。

★原注1：著者はここで、「櫓」と呼ばれる戦車のことを言っている。これは四輪の戦車の類で、十人ほどの人が楽に乗れるものになる。家畜や野獣の皮革で覆われ、大きな木片でできた縁飾りのようなもので、周りを囲われていた。覆いの皮の上には土がかけられ、中にいる人間を保護したり、敵の放つ矢や石などによって、戦車が故障したりしないようにしてあった。この戦車はそれぞれがひとつの小さな要塞のようであり、そこから攻撃をしたり、その中で身を守ったりする。特に攻囲の際に使われたが、会戦のときにも使われた。後者の場合には、軍の最後尾に置かれ、敗北するとその後ろに避難し、要塞として身を守った。征服する者は、それを手中に収めない限り、敵を征圧したとは言えなかった。また、貴重なものを隠したのもこの戦車の中だった。

★原注2：軍隊をアリにたとえることは、この昆虫を間近で観察したことのない人には、不適切に思えるかもしれない。しかし、アリがあらゆる生き物のなかで、最も戦いに熱中する生き物であることは、中国人はもとより博物学者にとっても周知のことだ。二つに体を分断されても決してあきらめず、敵を威嚇さえするものもある。

★原注3：「方形堡」という語で訳したのは、土でできた塔のようなものである。人々が立て籠もっている町の城壁より高く、塔のてっぺん、もしくは特にテラスの上から、城を守ろうとする籠城軍の不穏な動きを察知しようとした。中国の注釈者はそれを土の山と呼んでいる。

［解説］

日本語訳では、「敵の意図を戦う前に封じる→敵を孤立させる→最後は城攻め」と順を追ってやむを得ない手段になっていく形だが、アミオ訳では並列に扱っている。また日本語訳において「アリ」は「愚かな城攻めをする兵士たち」のたとえとしてマイナスの意味に使われているが、アミオ訳ではその獰猛さをたたえる象徴としてとらえている。

またアミオ訳にある「方形堡」とは、原文の「距闉《きょいん》（日本語訳：土塁）」のこと。城を攻撃するために作った、敵の城壁よりも高い土山を指す。

［原文］

故善用兵者、屈人之兵、而非戦也。抜人之城、而非攻也。毀人之国、而非久也。必以全争於天下。故兵不頓、而利可全。此謀攻之法也。

［一般的な日本語訳］

したがって、戦争指導にすぐれた将軍は、武力に訴えることなく敵軍を降服させ、城攻めをかけることなく敵城をおとしいれ、長期戦にもちこむことなく敵国を屈服させるのである。すなわち、相手を傷めつけず、無傷のまま味方にひきいれて、天下に覇をとなえる。

かくてこそ、兵力を温存したまま、完全な勝利を収めることができるのだ。
これが、知謀にもとづく戦い方である。

[アミオ訳]

優れた将軍は、決してこのような窮地に立たされることはない。戦わずして、敵を屈服させる方法をとる。一滴の血も流さず、刀を抜かず、町を手に入れる。敵国に足を踏み入れずに、敵国を征服してしまう方法を考えるのだ。戦いの陣頭に立って、膨大な時間を失うことなしに、その仕える君主に不朽の栄光をもたらすことができる。仲間に幸せをもたらし、天下の人々みなが、その平穏と平和を彼に感謝するだろう。これが、軍を指揮する者がみな、絶え間なく、決して諦めずに目指すべき目標にほかならない。

●

[原文]

故用兵之法、十則囲之、五則攻之、倍則分之、敵則能戦之、少則能逃之、不若則能避之。
故小敵之堅、大敵之擒也。

[一般的な日本語訳]

戦争のしかたは、次の原則にもとづく。
十倍の兵力なら、包囲する
五倍の兵力なら、攻撃する
二倍の兵力なら、分断する
互角の兵力なら、勇戦する
劣勢の兵力なら、退却する
勝算がなければ、戦わない
味方の兵力を無視して、強大な敵にしゃにむに戦いを挑めば、あたら敵の餌食になるばかりだ。

[アミオ訳]

敵との関係において陥るさまざまな状況には限りがない。すべてを予測するのは不可能なことだ。これが、私がさらに詳細を語らない理由なのだ。自らの知識と経験が、その状況が姿を現すにつれ、為すべきことを教えてくれるだろう。しかしながら、場合に応じて使える一般的な助言をいくつかしておこう。

もし兵力が敵の十倍であるならば、敵を包囲しなさい。決してひとつの逃げ道も残してはならない。逃れて他の地で野営をしたり、わずかでも援軍が得られるようにしてはならない。もし兵力が敵の五倍であるならば、時宜によって、一度に四方向から攻撃できるように軍を配置しなさい。もし敵の兵力が二分の一であるならば、自軍の分割は二つまでに止めておくべきだ。[★1]しかし、もし互いに同じ兵力であるなら、思い切って戦ってみるしかない。逆に、自軍が敵の兵力より劣るなら、常に守りを固めておくことだ。どんな些細な失敗も、命取りとなるだろう。安全な場所に逃れ、何があっても敵の手に落ちぬよう努めるべきだ。数が少なくとも、慎重さと手堅さがあれば、多勢の敵軍でも疲弊させ、屈服させることができるのだ。

★原注1：十という数は、中国で最も一般的に使われる比較の数である。従って、私が訳した「もし兵力が敵の十倍であるならば」というのは、「もし自軍対敵が、十対一、十対五であるならば」というようにも訳すことができる。

［解説］

最後の「小敵之堅、大敵之檎」は、一般的な日本語訳とアミオ訳が正反対の解釈となっている。つまり、一般的な日本語訳では「戦いに固執する弱小勢力は、強大な勢力の虜になってしまう」といった意味になるが、アミオは「慎重で手堅い弱小勢力なら、強大な勢力を屈服させられる」と解釈する。

【原文】

夫将者国之輔也。輔周則国必強、輔隙則国必弱。故君之所以患於軍者三。不知軍之不可以進、而謂之進、不知軍之不可以退、而謂之退。是謂縻軍。不知三軍之事、而同三軍之政者、則軍士惑矣。不知三軍之権、而同三軍之任、則軍士疑矣。三軍既惑且疑、則諸侯之難至矣。是謂乱軍引勝。

【一般的な日本語訳】

将軍というのは、君主の補佐役である。補佐役と君主の関係が親密であれば、国は必ず強大となる。逆に、両者の関係に親密さを欠けば、国は弱体化する。

このように、将軍は重要な職責を担っている。それ故、君主がよけいな口出しをすれば、軍を危機に追いこみかねない。それには、次の三つの場合がある。

第一に、進むべきときでないのに進撃を命じ、退くべきときでないのに退却を命じる場合である。これでは、軍の行動に、手かせ足かせをはめるようなものだ。

第二に、軍内部の実情を知りもしないで、軍政に干渉する場合である。これでは、軍内部を混乱におとしいれるだけだ。

第三に、指揮系統を無視して、軍令に干渉する場合である。これでは、軍内部に不信感を植えつけるだけだ。

君主が軍内部に混乱や不信感を与えたとなれば、それに乗じて、すかさず他の諸国が攻めこんでくる。君主のよけいな口出しは、まさに自殺行為にほかならない。

[アミオ訳]

軍隊の指揮官とは、自らを国の支柱とみなすことができ、実際それは事実でもある。指揮官があるべき姿を体現していれば、国は繁栄の一途を辿ることだろう。逆に、その地位に相応しい資質を備えていなければ、国は間違いなく損害を被り、滅亡の危機に瀕することとなろう。将軍が国に良く仕える方法は一つきりだが、大きな損害を与える方途なら、いくつもあるのだ。たゆまぬ努力と、勝利のための勇猛さ、慎重さが常に共存する行動が必要とされてくる。たった一つの失敗ですべてを失う結果をまねく。といっても、将軍が犯さないで済む失敗は一体どれだけあるというのだろう。時機を見ずに軍を召集する。出陣すべきでない時に出陣させる。軍を率いていく場所についての正確な知識をまったく持たない。不利な場所に野営を張らせる。わけもなく軍を疲弊させる。必要もないのに軍を呼び戻す。軍に仕える人々の要望を無視する。兵士の才能にそってその能力を活用するために必要な、それぞれが前についていた仕事の種類を知らない。自軍の兵士の弱みと強みを知らない。兵士の忠誠をあてにする理由がない。厳格に規律を遵守させせない。うまく統治する能力に欠ける。優柔不断で、即断をすべき場面でぐらつく。兵が損害を受けた時に、時宜を得て埋め合わせをしない。理由もなく将校によって兵がいじめられるのを見逃す。隊長間で起こりがちな不和を防がない。このような失敗に陥る将軍は、国の人員や食糧を枯渇させ、祖国の名誉を傷つけ、彼自身もその無能さの恥ずべき犠牲者となるだろう。★1

★原注1：著者は、将軍のすべきことについてかなり詳細に求めすぎているように思える。特に、任務につかせる前に、軍を構成する者全てがついていた仕事の種類を知るべきだというのは、実際的にも可能だとは思えない項目だ。孫子は、軍の先頭に立つものが、軍の構成員一人ずつについて知っているべきと言っているのではなく、ただ、下級将校を通して一般的に知っておくべきだと言っていると考えられる。しかも、原文の中国語では「三軍（San-kun）」、満州語では「Ilan-tchohai-kun」となっているのだが、これは、軍隊を構成する三つの異なる階級を意味する。つまり、将官、下級将校、そして一般兵士を指している。よって、著者は、三つの「軍」を意味する「三軍」という言葉で表された、軍隊の三つの階級についての正確な知識をおそらく将軍に要求しているにすぎないのだろう。一つの「軍」を字義通りにとると、本来四千人の集合を指している。つまり、この意味で考えると、孫子のいう軍隊は、たった一万二千人で構成されていることになる。いくつかの辞書で見られるように、もし一つの「軍」が二千五百人の集合でしかなければ、軍隊はさらに小規模なものとなる。この場合軍隊は七千五百人という計算になり、これもあまり考えられない。一般に「三軍」という言葉は、戦争を題材としている古い書物において、その数を問わず軍隊全体のことを指している。

［解説］

冒頭部分、日本語訳では「輔周」を「君主と将軍の関係が親密なこと」としてとらえるが、アミオ訳では「将軍の資質が完全に備わっていること」と解釈する。

さらに続く部分を、日本語訳では「君主の現場に対する問題ある口出し」ととらえていくが、アミオ訳では、「将軍のやってしまう愚かな行為」として描いている。

なお、原注にある「三軍」は、「すべての軍隊」「全軍」ととらえるのが一般的。全軍は「左軍、中軍、右軍」ないしは「上軍、中軍、下軍」の三つに分割され、指揮されていたため、総称として「三軍」という。アミオ訳では「上軍、中軍、下軍」を軍内部の階級による上下関係としてとらえている。

なお、『周礼《しゅらい》』という古典に記された戦車部隊の単位とそれぞれの人数は以下の通り。

アミオの記す数字も、おそらくこれが基本の一つになっていると考えられる。

伍――五人

両――二十五人

卒――百人

旅――五百人

師――二千五百人
軍――一万二千五百人

● **［原文］**

故知勝有五。知可以戦、与不可以戦者勝。識衆寡之用者勝。上下同欲者勝。以虞待不虞者勝。将能而君不御者勝。此五者知勝之道也。故曰、知彼知己者、百戦不殆。不知彼而知己、一勝一負。不知彼不知己、毎戦必殆。

［一般的な日本語訳］

あらかじめ勝利の目算を立てるには、次の五条件をあてはめてみればよい。
一、彼我の戦力を検討したうえで、戦うべきか否かの判断ができること
二、兵力に応じた戦いができること
三、君主と国民が心を一つに合わせていること
四、万全の態勢を固めて敵の不備につけこむこと
五、将軍が有能であって、君主が将軍の指揮権に干渉しないこと
これが勝利を収めるための五条件である。

したがって、次のような結論を導くことができる。
――敵を知り、己《おのれ》を知るならば、絶対に敗れる気づかいはない。己を知って敵を知らなければ、勝敗の確率は五分五分である。敵をも知らず己をも知らなければ、必ず敗れる。

[アミオ訳]

敵に勝利するには、五つの基本原則が将軍に必要となる。

1 戦うべきときと、退却すべきときとを知る。
2 状況に応じて少ないものと多いものを用いることを知る。
3 主要な将校と同じように、一兵士に対しても情誼を示す。
4 予見できる・できないの如何にかかわらず、あらゆる状況を有利に利用する。
5 任務や軍の栄誉のために企てるあらゆる事柄について、君主から横ヤリを入れられないよう確実にする。

これに加え、己について持っていなければならない知識、つまり何ができて何ができないかを知り、さらに部下についても知り尽くしていれば、百戦百勝できる。もし己自身のできることのみを知り、部下たちができることについて知らなければ、一勝一敗となるだろう。しかしもし、己についても部下についてもわかっていなければ、必ず戦いに敗れるに違いない。

［解説］

アミオ訳五条件のうちの二番目、「少ないものと多いものを用いることを知ること」は原文の直訳であり、意訳すれば一般的な日本語訳と同じで「兵力に応じた戦いができること」といった意味になると考えられる。

また最終段落、非常に有名な一文だが、アミオ訳では「彼＝部下」となっていて、指揮官である自分（己）と部下（彼）、それぞれの知識の有無として解釈されている。確かに、『孫子』には「敵」という漢字も使われており、「なぜ『敵』ではなく、この一節では『彼』と表現されているのか」という疑問へのアミオなりの答えがここに示されている。

筆者（守屋）の解釈としては、「敵」とは実際に戦っている相手に限られ、「彼」とは潜在的に敵になる可能性も含めた周辺諸国やその軍隊すべてのことではないかと考えている。

第4章　軍隊の形勢（軍形）

●

〔原文〕

孫子曰、昔之善戦者、先為不可勝、以待敵之可勝。不可勝在己、可勝在敵。故善戦者、能為不可勝、不能使敵必可勝。故曰、勝可知、而不可為。不可勝者、守也。可勝者、攻也。守則不足。攻則有余。

〔一般的な日本語訳〕

むかしの戦《いくさ》上手は、まず自軍の態勢を固めておいてから、じっくりと敵の崩れるのを待った。これで明らかなように、不敗の態勢をつくれるかどうかは自軍の態勢いかんによるが、勝機を見出せるかどうかは敵の態勢いかんにかかっている。したがって、どんな戦上手でも、不敗の態勢を固めることはできるが、必勝の条件まではつくり出すことができない。

「勝利は予見できる。しかし必ず勝てるとはかぎらない」とは、これをいうのである。

勝利する条件がないときは、守りを固めなければならない。逆に、勝機を見出したときは、すかさず攻勢に転じなければならない。つまり、守りを固めるのは、自軍が劣勢な場合であり、攻勢に出るのは、自軍が優勢な場合である。

［アミオ訳］

孫子は言った、

戦術に熟達した先人たちは、首尾よく終結できる見込みのない戦争を、決して始めることがなかった。開戦前に、勝利をほぼ確信していたのだ。もし敵と戦うのに好機でなければ、好機が訪れるまで待った。敗北は自らの失態によってのみもたらされるのであり、また、敵に失態がなければ決して勝利することはできない、というのが彼らの信念だった。ゆえに、優れた将軍は、慎重になるべきことか、楽観してもよいことかをまず見極めてから、戦場で進退した。つまり、自らの軍の形勢と敵軍の形勢、両者を鑑みて、戦闘をしかけたり、防御に回ったりしたのだ。自軍が敵軍よりも強いと確信すれば恐れることなく戦闘を始め、先制攻撃を仕掛けていった。反対にもし弱いと判断したならば、陣地にこもって守りに徹したのだ。

［解説］

「『孫子』は戦いには『勝ち』『負け』以外に『不敗（勝ってもいないが負けてもいない）』という状態があり、これをうまく活用すべきだと考えていた」と一般的な日本語訳では解釈し、訳している。しかしこの「不敗の積極的な活用」という考え方ないし解釈は、他の戦略書にはほとんど登場しない。さらに大きくいえば、英語やフランス語などでも「不敗」とそのまま重なる単語が存在しない特殊な概念。たとえば英語の invincible やフランス語の invaincu, invincible は「絶対負けない」「無敵」といった意味で、ニュアンスが異なる。このためアミオ訳でもこの一節は「将軍は、首尾よく勝てる状態の敵か否かを見極めたうえで、開戦や進退をする」という文脈でとらえられている。

●

［原文］

善守者、蔵於九地之下、善攻者、動於九天之上。故能自保而全勝也。見勝不過衆人之所知、非善之善者也。戦勝而天下曰善、非善之善者也。

［一般的な日本語訳］

したがって、戦上手は、守りについたときは、兵力を隠蔽して敵につけこむ隙を与えないし、攻めにまわったときはすかさず攻めたてて、敵に守りの余裕を与えない。かくて、自軍は無傷のまま完全な勝利を収めるのである。

誰にでもそれとわかるような勝ち方は、最善の勝利ではない。また、世間にもてはやされるような勝ち方も、最善の勝利とは言いがたい。

［アミオ訳］

時宜を得て守りに入るという作戦は、戦いで勝利することに何ら劣らない。前者で成功を収めたければ、地球の深部までもぐるようでなければならないし、逆に後者で卓越したいのであれば、九天にまで昇りつめなければならない。★1 このいずれの場合においても、自己保存こそが、われわれが定むべき目的となる。そなたが目指すべきは、この自己保持の道を極めたうえで、征服の戦術をもわきまえることだ。すべての戦いで勝とうとしたり、戦うことに執着することは、いにしえの優れた戦術の達人に及べないおそれがあり、また、いつまでたっても彼らに劣っている危険すらある。というのも、これが善の上にあるものは、それ自身が善とは限らないというものだからだ。戦いという手段によって勝利を導くことは、古今東西、良いこととみなされてきた。しかし、私はあえて言いたい。これも善の上にあるものは、しばし最悪のものであるということなのだ。

★原注1：中国の注釈者は、この最後の一文を以下のように説明している。「敵から身を守るには、誰もその水源を知らない、人跡未踏の水脈のように、地の中心部に身を隠さねばならない。つまり、足どりをすべて隠し、踏み込まれないようにしなければならない……」さらにはこう続ける。「戦うものは、九天まで昇りつめなければならない。つまり、世界中にその栄光が鳴り響き、その素晴らしい戦いが天においても認められるような戦争をすべきである」。原文を文字通り訳すと、「前者で成功したければ、九地まで深くもぐらなければならない」となる。空が、各々が特有の一つの空を形成している九つの領域に分かれているという概念を持つように、地球は九つの同心の層でできているという概念を持っている中国人の著者もいる。

［解説］

謀攻篇で「百戦百勝、非善之善者也（百戦百勝は善の善なるものに非ざるなり）」を「百戦百勝するのは善だが、それ以上のもの（善之善者）を追い求めると、必ずしも善でなくなる場合がある」とアミオは解釈した。この一節の最後にある「非善之善者也（善の善なるものに非ざるなり）」も、この延長線上で訳している。

［原文］

故挙秋毫不為多力。見日月不為明目。聞雷霆不為聡耳。古之所謂善戦者、勝於易勝者也。故善戦者之勝也、無智名、無勇功。

［一般的な日本語訳］

たとえば、毛を一本持ちあげたからといって、誰も力持ちとは言わない。太陽や月が見えるからといって、誰も目がきくとは言わない。雷鳴が聞こえたからといって、誰も耳がさといとは言わない。そういうことは、普通の人なら、無理なく自然にできるからである。それと同じように、むかしの戦上手は、無理なく自然に勝った。だから、勝っても、その知謀は人目につかず、その勇敢さは、人から称賛されることがない。

［アミオ訳］

四足をもつ動物は、秋の終わりにかけて日に日に新しい大量の毛を身にまとい体に変貌をきたすが、そのために常識外れの力など持つ必要はない。われわれを照らす星々を見つけるために、貫くような鋭い目など持つ必要はない。激しくとどろく雷鳴を聞くために、研ぎ澄まされた耳など持つ必要はない。これらのことほど自然で、簡単で、単純なことはない。同じように熟達した軍人は、戦うことに何らの困難も見出さない。彼らにはすべてが予見できる。あらゆる障害に自ら備える。敵の状況・戦力を把握し、自らには何ができ、どこまで行けるのか心得ている。この見識と確実な行動があれば、勝利は当然の帰結でしかなくなる。

【解説】

一般的な日本語訳では、「勝って当たり前の状況で戦う」ことの比喩として星や雷鳴が使われていると解釈するが、アミオ訳では、いわば「将軍の天才的な能力」の比喩としてとらえられている。

● 【原文】

故其戦勝不忒。不忒者、其所措必勝。勝已敗者也。故善戦者、立於不敗之地、而不失敵之敗也。是故勝兵先勝而後求戦、敗兵先戦而後求勝。善用兵者、修道而保法。故能為勝敗之政。

【一般的な日本語訳】

だから、戦えば必ず勝つ。打つ手打つ手がすべて勝利に結びつき、万に一つの失敗もない。なぜなら、戦うまえから敗けている相手を敵として戦うからだ。つまり、戦上手は、自軍を絶対不敗の態勢におき、しかも敵の隙は逃さずとらえるのである。

このように、あらかじめ勝利する態勢をととのえてから戦う者が勝利を収め、戦いをはじめてからあわてて勝機をつかもうとする者は敗北に追いやられる。

それ故、戦争指導にすぐれた君主は、まず政治を革新し、法令を貫徹して、勝利する態勢をととのえるのである。

[アミオ訳]

先人にとって、勝つことほど簡単なことはなかった。勇猛果敢、英雄、不屈といった呼称は、無意味で、自らに値する賛辞であるとは考えていなかった。彼らはその成功を、どんな些細な失敗もかわす細心の注意のたまものと考えていたのだ。

戦争を始める前に、敵を挫き、苦しめ、あらゆる方法で疲弊させる。自らの陣地は、常にあらゆる攻撃から身を守る避難所であり、奇襲を防ぎ、侵攻不可能な場所としていく。勝利を収めるためには、軍隊は戦いを熱心に求めるべきであり、勝利そのものばかりを求めてしまうと必ず負けると、古の将軍たちは考えていた。★1 したがって彼らは、まだ戦争に踏み出していない段階からその勝利や敗北を確信をもって予測し、勝利は確かなもの、敗北は決して喫さないものとした。

★原注1：注釈者によると、孫子は軍隊に、あまりに盲目的な信頼、仮定に終わるような信頼はまったく望んでいなかったようである。勝利を求めるような軍は、怠惰で柔弱になり、臆病で、思い上がった軍であると言っている。逆に、彼によると、勝利のことも考えずに戦いを求めるような軍は、任務に耐え、実に鍛錬され、いつでも必ず打ち破ることを約束してくれる軍であると言える。

［解説］

アミオは原注に記すように、「勝利を求める軍隊＝弱い軍隊」「勝てそうか否かにかかわらず、戦いを求める軍隊＝強い軍隊」という図式を下敷きにして訳している。「人や組織は、競争や試行錯誤のなかで鍛えられる」という価値観からいえば、この解釈が妥当な局面もあるが、一般的な日本語訳とは完全に真逆になっている。原注に「注釈者によると」とあるが、「十一家注孫子」などにはこうした解釈はなく、もしかしたらアミオの手に入れた満州語の解釈書にあるものかもしれない。

● ［原文］

兵法、一曰度。二曰量。三曰数。四曰称。五曰勝。地生度、度生量、量生数、数生称、称生勝。故勝兵若以鎰称銖、敗兵若以銖称鎰。勝者之戦民也、若決積水於千仞之谿者、形也。

[一般的な日本語訳]

戦争の勝敗は、次の要素によって決定される。

一、国土の広狭
二、資源の多寡
三、人口の多少
四、戦力の強弱
五、勝敗の帰趨

つまり、地形にもとづいて国土の広狭が決定される。国土の広狭にもとづいて資源の多寡が決定される。さらに、資源の多寡が人口の多少を決定し、人口の多少が戦力の強弱を決定する。そして、戦力の強弱が戦争の勝敗を決定するのである。

彼我の戦力の差が、鎰《いつ》(重さの単位)をもって銖《しゅ》(鎰の約五百分の一の重さ)に対するようであれば、必ず勝つ。逆に、銖をもって鎰に対するようであれば、必ず敗れる。

勝利する側は、満々とたたえた水を深い谷底に切って落とすように、一気に敵を圧倒する。態勢をととのえるとは、これをいうのである。

［アミオ訳］

このように、軍の指揮官であるそなたは、任務に相応しい存在であるために、すべてのことに心配りしなければならない。量や規模を決定するさまざまな尺度に目を向ける必要も出てくるだろう。計算の法則を思い出し、そのバランスの結果をよく考えなければならない。勝利とは何かを、つぶさに検討しなければならない。これらのことすべてを深く熟慮して初めて、敵から征服を決して受けないために必要なものすべてを手に入れることができるのだ。

さまざまな尺度を考察することによって、土地が提供する、自分たちにとって有益な事物についての知識を得ることができる。たとえば、土地が産出するものを知っていれば、つねにその恩恵を被ることができる。また、設定した目的地に確実に到達するためにとるべき各種の道筋を、ひとつとして見落とすこともなくなるだろう。

計算することで武器弾薬や糧食を常に時宜に応じて配る方法を学び、極度に多かったり少なかったりすることも一切なくなるだろう。

バランスという考え方は、自分の中に、正義と公正を愛する心を生みだすに違いない。罰と褒賞が状況の必要性に応じて与えられることとなろう。

つまり、いろいろな時機においてつかみ取られた勝利、そしてそれに付随するあらゆる状況を思い起こすとき、そこで駆使した方法はどれも無視できないものとなる。それらによってもたらされたもののうち、どれが有益なもので、どれが征服者自身にも生じた損害であるのかがわかるようになるであろう。

二十オンスは十二グレーンとは何があっても釣り合わない。[★1] もしこの二つの重さを同じ天秤の二つの皿に分けて乗せたとすると、何の抵抗もなくオンスがグレーンより下がるだろう。オンスとグレーンの関係のように、敵には対峙すべきなのだ。最初に優勢に立ったからといって、そこで手を休めたり、時宜に合わない休息を軍に与えようと思ってはならない。千トワズ（訳注：昔の単位で、一トワズは約一・九五メートル）の高さから落ちる急流のような速さで侵攻しなければならない。[★2] こうすれば、敵軍は己の状況を把握する暇もないかもしれないが、しかし敵が完全に敗北を喫し、それによって自軍が歓喜と平穏のなかで確実な行動をとれるようになるまでは、勝利の成果をまとめあげようなどと考えてはならない。

★原注1：原文には「鎰は銖に勝る……」とある。鎰とは二十中国オンスに値する単位である。銖は一オンスの百分の十二である。中国オンスについては前述にある通り。

★原注2：原文には「千仞の高さから落ちる」とある。仞とは八中国ピエに値する単位である。近代の中国ピエはほとんど王のピエと同じであり、二百六十四対二百六十六ほどである。昔の中国ピエと近代中国ピエの比は、二百三十六対二百六十四である。この計算はここでは無意味であるが、次の章で役に立つかもしれない。

［解説］

この一節は原文自体がきわめて抽象的な表現であり、特に前半三つの「度」「量」「数」に関しては、古来、解釈が分かれてきた。大きく分類するなら、①「国土の大小や地理的条件から論理的に導かれる軍事力の換算（歴史的解釈では賈林が代表的。一般的な日本語訳、アミオ訳もこちらの立場）」ないし、②「敵との距離や、その間の地形から導かれる、今必要な戦力の換算（王晳や何延錫などが代表的）」ないしは、両者の混ざった解釈（杜牧が代表的）がなされてきた。それぞれ以下のようになる。

度——①国土の広狭　②敵との距離やその間の地形、戦域など
量——①国の食糧生産・資源量　②軍事行動に必要な軍糧
数——①国の人口　②動員期間、動員できる兵力や牛馬の数

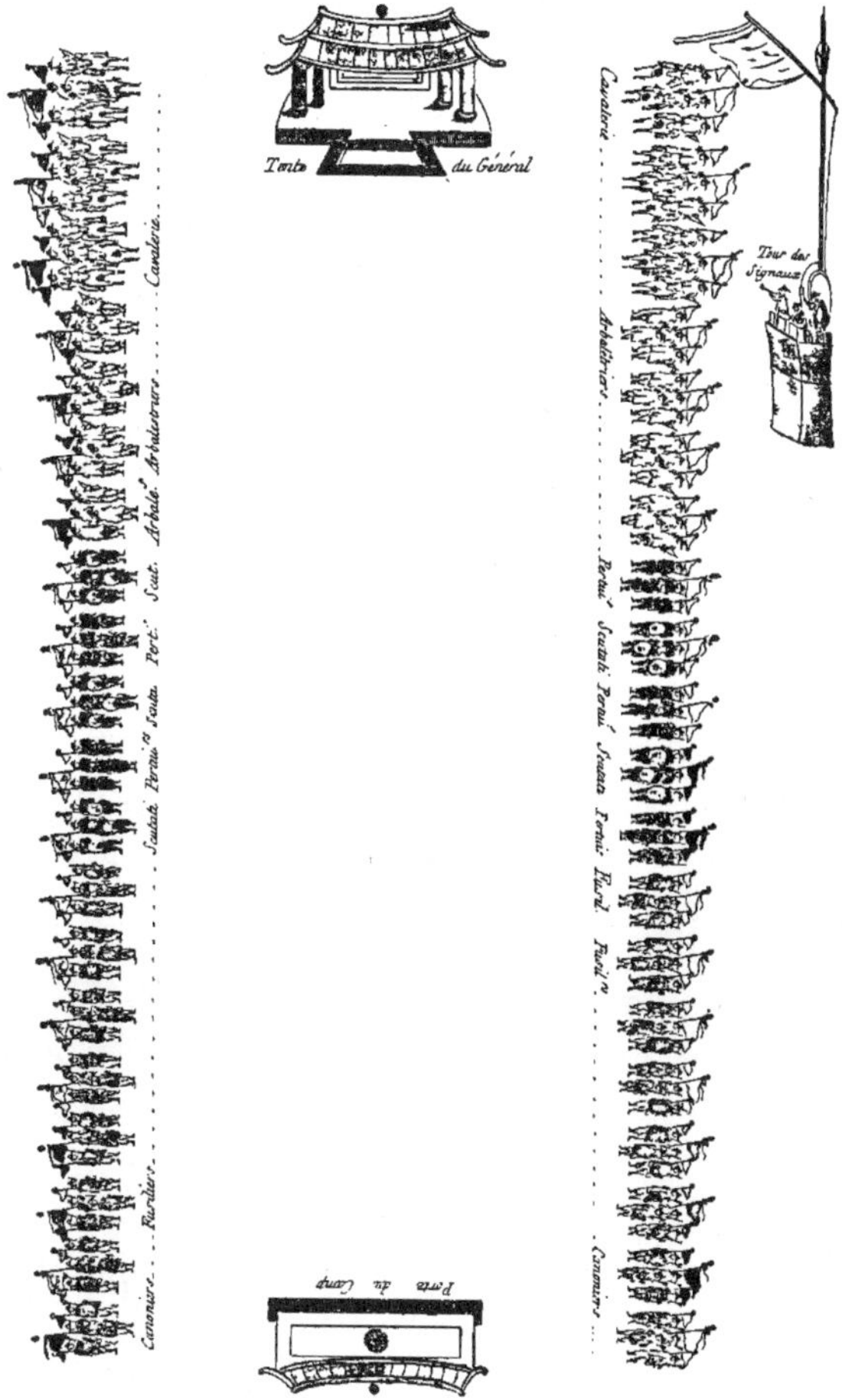

Tente du Général
Tour des Signaux
Canoniers
Fusiliers
Scutati Perniers Scuta. Port. Scut. Arbale. Arbalestriers
Cavalerie
Cavalerie
Arbalétriers
Pertui. Scutati Pertui. Scutati Pertui. Fusil. Fusil.rs
Canoniers
Porte du Camp

第5章　軍の指揮における巧妙さ（兵勢）

●［原文］

孫子曰、凡治衆如治寡、分数是也。闘衆如闘寡、形名是也。三軍之衆、可使必受敵而無敗者、奇正是也。兵之所加、如以碬投卵者、虚実是也。凡戦者、以正合、以奇勝。故善出奇者、無窮如天地、不竭如江河。終而復始、日月是也。死而復生、四時是也。声不過五、五声之変、不可勝聴也。色不過五、五色之変、不可勝観也。味不過五、五味之変、不可勝嘗也。

［一般的な日本語訳］

大軍団を小部隊のように統制するには、軍の組織編成をきちんと行わなければならない。大軍団を小部隊のように一体となって戦わせるには、指揮系統をしっかりと確立しなければならない。

全軍を敵の出方に対応して絶対不敗の境地に立たせるには、「奇正」の運用、つまり変幻自在な戦い方に熟達しなければならない。

石で卵を砕くように敵を撃破するには、「実」をもって「虚」を撃つ、つまり充実した戦力で敵の手薄を衝《つ》く戦法をとらなければならない。

敵と対峙するときは、「正」すなわち正規の作戦を採用し、敵を破るときは、「奇」すなわち奇襲作戦を採用する。これが一般的な戦い方である。

それ故、「奇」を得意とする将軍の戦い方は、天地のように終わりがなく、大河のように尽きることがない。また、日月のように没してはまた現われ、四季のように去ってはまた訪れ、まことに変幻自在である。

音階の基本は、宮《きゅう》、商《しょう》、角《かく》、徴《ち》、羽《う》の五つにすぎないが、その組み合わせの変化は無限である。

色彩の基本は、青、赤、黄、白、黒の五つにすぎないが、組み合わせの変化は無限である。

味の基本は、辛《しん》、酸《さん》、鹹《かん》(塩辛さ)、甘《かん》、苦《く》の五つにすぎないが、その組み合わせの変化は無限である。

［アミオ訳］

孫子は言った、

将官から尉官まですべての将校の名前を把握し、独自の名簿を作成したら、そこに各々の才能や能力を併記しておくことだ。こうしておけば、チャンスが到来したときに才能を活かして彼らを活用することができる。そなたが命令を下すすべての者に、「彼らをあらゆる損害から守ることがそなたの基本方針である」と納得させなければならない。敵に進めとそなたが命ずる軍は、卵に投げつけられた石のようであるべきだ。そなたと敵の差は、強者と弱者、虚と実の差でなくてはならない。攻撃は堂々と、しかし、征服は秘密裏に実行せよ。これが、短い言葉にまとめた巧妙かつ完璧そのものの軍を指揮するやり方である。明るみと闇、公然さと秘密裏、これこそ戦術にほかならないのだ。これを身につけた者は、天と地にも匹敵する。天と地のように、動きがあれば必ず結果が生じるのだ。川や海にも似ている。その水のようにいつまでも尽きることがない。たとえ死の闇に潜ろうとも、生還することができる。太陽と月のように、現れそして消える。四季のように、時機に応じた変化を持つことができる。五つの音階、五つの色、五つの味のように、窮まることがない。さまざまに重ね合わされた音階が奏でる音色を耳にしたことのない者がいるだろうか？　さまざまなニュアンスをつけられた五つの色から、あらゆる色彩が生まれるのを目にしたことのない者がいるだろうか？　さまざまに混ぜ合わされた五つの味が生み出す、まろやかさや辛さといったものを口にしたことのない者がいるだろうか？[★1] それでも、五つの色、五つの味だけで表現されるではないか。

★原注1：昔の中国には、宮、商、角、徴、羽で表される五つの基本音階のみ存在した。また、黄、赤、緑、白、黒が基本色とされていた。他のものは全てそこに集約されるとされていた、五つの基本的な味のみがあった。この五つの味とは、甘味、酸味、鹹味、苦味、辛味である。ここで辛味と訳したのは「辛」という文字で、にんにく（もしくはネギ科や、それに似たもので味の近いものを意味している。

[解説]

原文の「奇正是也。兵之所加、如以碬投卵者、虚実是也」の部分、アミオ訳ではまず真ん中の「兵之所加、如以碬投卵者」を、「敵に進めとそなたが命ずる軍は、卵に投げつけられた石のようであるべきだ」と訳し、両端の「奇正是也。虚実是也」を一つにまとめて、「そなたと敵の差は、強者と弱者、虚と実の差でなくてはならない」とおそらく解釈している。一般的に自軍は強くて充実しているのがよいとされていて、アミオ訳がなぜここで自軍の方に虚を当てているのか、理由は残念ながらよくわからない。この部分の原文は“De vous à l'ennemi il ne doit y avoir d'autre différence que celle du fort au faible, du vuide au plein.”

また原注にある五つの基本色、原文では青になっているところが、アミオ訳では緑をあらわす le verd になっている。フランス人の色彩感覚として、そう映ったのであろうか。

●【原文】

戦勢、不過奇正、奇正之変、不可勝窮也。奇正相生、如循環之無端。孰能窮之。激水之疾、至於漂石者、勢也。鷙鳥之撃、至於毀折者、節也。

【一般的な日本語訳】

それと同じように、戦争の形態も「奇」と「正」の二つから成り立っているが、その変化は無限である。「正」は「奇」を生じ、「奇」はまた「正」に転じ、円環さながらに連なってつきない。したがって、誰もそれを知りつくすことができないのである。

せきとめられた水が激しい流れとなって岩をも押し流すのは、流れに勢いがあるからである。猛禽《もうきん》がねらった獲物を一撃のもとにうち砕くのは、一瞬の瞬発力をもっているからである。

【アミオ訳】

一般に戦術や優れた軍の指揮には、秘密裏に行うべきことと、公然と行うべきものの二種類しかない。しかし現実には、秘密裏になされる作用と、公然となされる作用の連鎖に、切れ目はない。それはまるで始まりも終わりもない、回転する車輪のようなものだ。

戦術において、個々の戦略には公然さを要する面と、秘めたる闇を要する面の二つが存在する。各々の戦いを一方の面だけに割り振ってしまうことはできない。その時の状況のみが、両者を峻別し、決定づける条件となる。流れの速い川をせき止めるには、最も大きな岩の塊を持ち出すものだ。また、小鳥を捕まえるためには、やわらかく糸の細い網しか使えない。だが、川の流れは少しずつ塞き止めるものを浸食し、時にそれを押し流してしまう。鳥ももがいて、しまいにはその網紐を引きちぎってしまう。そなたがとった予防策が、どれほど優れ、どれほど賢明であろうと、一瞬たりとも警戒を解いてはならない。あらゆるものに注意を払い、あらゆる事態に思いを巡らせなければならない。思い上がった安心感を、そなたやその陣営に近づけてはならないのだ。

軍の力を最大限に引き出すすべを知っている者、絶大な威信を軍内部にかち得た者、どんなに困難な出来事が起ころうともへこたれない者、物事を慌てて進めることが決してない者、不意を突かれた時でも、まるで熟慮の末の行動か、事前に予期していたと思わせる冷静さで行動できる者、そして、長い経験に裏打ちされた、熟練の成果だけが発揮し得る迅速さで、いつどこであろうと行動に移れる者、こういった人物こそ真に軍を指揮する技能を持ち合わせているといえるのだ。

【解説】

「激水（水の激しい流れ）」や「鷙鳥《しちょう》（猛禽）」は、一般的には「勢い」を形容する比喩として解釈されている。しかし、アミオ訳では「正（公然さ）」と「奇（秘密裡）」の延長線上でとらえ、「激水をせきとめる大きな岩＝公然さの象徴」「鷙鳥をとらえる細い糸の網＝秘密裡の象徴」としている。

●

【原文】

是故善戦者、其勢険、其節短。勢如彍弩、節如発機。紛紛紜紜、闘乱而不可乱也。渾渾沌沌、形円而不可敗也。乱生於治、怯生於勇、弱生於彊。治乱数也。勇怯勢也。彊弱形也。

【一般的な日本語訳】

それと同じように、激しい勢いに乗じ、一瞬の瞬発力を発揮するのが戦上手の戦い方だ。弓にたとえれば、引きしぼった弓の弾力が「勢い」であり、放たれた瞬間の矢の速力が「瞬発力」である。

両軍入りまじっての乱戦となっても、自軍の隊伍を乱してはならない。収拾のつかぬ混戦となっても、敵に乗ずる隙を与えてはならない。

乱戦、混戦のなかでは、治はたやすく乱に変わり、勇はたやすく怯に変わり、強はたやすく弱に変わりうる。治乱を左右するのは統制力のいかんであり、勇怯を左右するのは勢いのいかんであり、強弱を左右するのは態勢のいかんである。

［アミオ訳］

こういった種類の軍人の力量とは、仕掛けの助けを借りて弦を張る大弓の力のようなものだ。彼らの威力は、仕掛けを使って張られた弓から放たれる恐ろしい武器の力にも匹敵する。[★1] あらゆるものがその一撃にひれ伏し、すべてのものが打ち破られる。地球が地表のどこにおいても一様であることと同じように、彼ら将軍たちも所を選ばず同じ力を揮う事ができる。どんな場所であろうと、その力は変わらない。たとえ乱戦となって表面上は無秩序な状態の真っ只中にさらされても、何ものにも乱されない秩序を保つすべを知っている。弱さの中から強さを生み出してみせることもできる。臆病さや意気地なさの中から、勇気と能力を引き出してみせることもできる。しかし、混乱のなかでさえ完璧な秩序を保つには、起こり得るあらゆる出来事を想定して[★2]事前に熟慮しておくことが必要となる。弱さの中にさえ強さを生み出すことは、絶対的な力と絶大な威信を軍に持った者にしか成し得ないことだ。勇気と能力を、臆病さや意気地なさの中から引き出すためには、自身が英雄、いやそれ以上でなければならず、最上級の勇敢さを備えていなければならない。

★原注1：ここで触れられている種類の弓は、発射装置によって下から支えられていた。ひとりの人間が両手を使って引くことのできる弓もあったが、それは最も小さいものであった。また、数人で同時に力をあわせて引く弓もあった。これらの弓を使って、槍、投槍、矢、石やその他の似たようなものなどさまざまな兵器を放った。いくつかの地域では今日でもまだ、これらを虎に対して使っている。私が実際目にしたものについて言えば、形としては、われわれのバネ仕掛けの大弓とさして違いはない。

★原注2：力という言葉は、ここでは支配といった意味ととるべきではなく、自らにかせられた任務を実行に移させる能力と考えるべきである。孫子の考えでは、将軍は、企図したすべてのことを自らに有利となるように実行することが可能となるこの能力を持つべきだとしている。

［解説］

やはり「勢い」の象徴である「大弓（弩）」が、ここでは将帥の力量の比喩として解釈されている。弩は今でいうボウガン（発射装置つきの弓）と同じであり、弩の大きさによって手で弦を張るタイプ、足や腰を使って弦を張るタイプ、数人がかりで弦を張るタイプなどがあった。

●〔原文〕

故善動敵者、形之、敵必従之、予之、敵必取之。以利動之、以卒待之。故善戦者、求之於勢、不責於人。故能択人而任勢。任勢者、其戦人也、如転木石。木石之性、安則静、危則動、方則止、円則行。故善戦人之勢、如転円石於千仞之山者、勢也。

〔一般的な日本語訳〕

それ故、用兵にたけた将軍は、敵が動かざるをえない態勢をつくり、有利なエサをばらまいて、食いつかせる。つまり、利によって敵を誘い出し、精強な主力を繰り出してこれを撃滅するのである。

したがって戦上手は、なによりもまず勢いに乗ることを重視し、一人ひとりの働きに過度の期待をかけない。それゆえ、全軍の力を一つにまとめて勢いに乗ることができるのである。勢いに乗れば、兵士は、坂道を転がる丸太や石のように、思いがけない力を発揮する。丸太や石は、平坦な場所では静止しているが、坂道におけば自然に動き出す。また、四角なものは静止しているが、丸いものは転がる。

勢いに乗って戦うとは、丸い石を千仞の谷底に転がすようなものだ。これが、戦いの勢いというものである。

［アミオ訳］

これだけでも、大変なことと、驚異的なことに思えるかもしれないが、私は軍を指揮する者には、さらなることを要求する。それは、自らの意に沿って、敵を動かす技術にほかならない。この賞賛すべき戦術を手にする者は、こちらの都合のよいときに敵を来襲させるように、指揮下の兵や軍の態勢をつくる。部下に適時、褒賞を施すことを理解しているように、征服したい敵にもエサを施してやることができる。エサを施された敵は、これを取らずにはいられなくなる。敵に譲歩してやれば、敵はその分も取らずにはいられなくなる。あらゆることに準備を整え、あらゆる状況を活用するのだ。戦術に長けた者たちは、雇っている者たちをそれほど信頼してはおらず、彼らに対して他に見張り役を雇っているくらいである。また、彼らに備わっている個々の力もあてにはしておらず、自らにとって有用と思われる他の方法で活用しているにすぎない。戦わなければならない敵に関しては、まるで高い所から転がり落とすべき石や木片のようなものだと見なしている。石や木は、自然には動かない。一度止まってしまえば、自力で動き出すこともない。しかし、われわれが動きを伝えれば、それに反応する。もしそれらが四角であれば、すぐに止まる。もしそれらが丸ければ、始めに与えた力よりも強い力を持った障害にぶつかるまで転がり続ける。

つまり、軍の指揮をとるそなたは、敵を自らの手中にある丸い石とし、千トワズの高さを持つ山から転がさなければならない。こうであってこそ、そなたは力や威信を手中にし、今占めているその地位に本当に見合う人物であると、周りから認められることになるだろう。

【解説】

坂道にある「丸い石」も、一般的には「勢いに乗るもの」の象徴として解釈されるが、アミオ訳では「将軍が、敵をコントロールする技術の比喩」としている。

一般的な日本語訳においては、前段にある「自軍における統率力、勢い、態勢づくり」によって「不敗の態勢」を作った後に、この段の冒頭の「敵をコントロールして撃滅する」という流れを考えている。一方のアミオは、「敵をコントロールして撃滅する」ことを、その後ろに置かれた「坂道にある丸い石」の話につなげて解釈しているという違いがある。

充実と空虚（虚実）

★原注：この章のタイトルがここで扱われている内容とどうつながるのか、私にははっきりと見えていない。私が入手したタタール版のものでは、次のようなタイトルをつけている。「第6章：真の策略」。他の注釈者は、これ以上の明確な言及をしていない。

●

〔原文〕

孫子曰、凡先処戦地、而待敵者佚、後処戦地、而趨戦者労。故善戦者、致人而不致於人。能使敵人自至者、利之也。能使敵人不得至者、害之也。故敵佚能労之、飽能饑之、安能動之。

〔一般的な日本語訳〕

敵より先に戦場におもむいて相手を迎え撃てば、余裕をもって戦うことができる。逆に、敵よりおくれて戦場に到着すれば、苦しい戦いをしいられる。それ故、戦上手は、相手の作戦行動に乗らず、逆に相手をこちらの作戦行動に乗せようとする。

敵に作戦行動を起こさせるためには、そうすれば有利だと思いこませなければならない。

逆に、敵に作戦行動を思いとどまらせるためには、そうすれば不利だと思いこませることだ。

したがって、敵の態勢に余裕があれば、手段を用いて奔命に疲れさせる。敵の食糧が十分であれば、糧道を断って飢えさせる。敵の備えが万全であれば、計略を用いてかき乱す。

［アミオ訳］

孫子は言った、

戦いを始める前にすべき最も基本的なことの一つが、最善な野営場所の確保だ。このためには迅速でなければならない。敵にさとられたり、野営を張る前に敵に発見されたり、行軍にすら気づかれてはならない。この点で少しでも気を抜くと、最悪の結果を招く可能性がある。一般的に、敵より後に野営を張ることには不利さしかないのだ。

一軍の統率を任された者は、この重大事の選択について、決して人任せにしてはならない。さらに、場所の確保以上のことも要求される。もしその者が真に熟達していれば、こちらの意のままに敵に野営を張らせ、敵に行軍させることができるであろう。優れた将軍は敵の動きを待つのではなく、敵を動かしていく。もしそなたの望む場所に、敵を自らの意志で向かわせたいのであれば、敵にとっての困難や障害を排除してやることだ。というのも、侵攻が困難な場所や、もし不利な条件ばかり目に付き、危険にしか思えない場所に敵を引き込もうとしても、成功は覚束ないし、大変な手間や苦労、いやそれ以上のものがのしかかってくるはずだからだ。そなたが敵に望むことを、敵も同じく望むように仕向け、それと気づかないうちに、そなたにとって有利となるような手段を敵に選択させるのが、最善の手法なのだ。

彼我が野営を整えたら、相手が先に行動を起こすのを静かに待つことだ。待っているあいだ、食糧が豊富な敵なら飢えさせ、じっと動かないのであれば混乱させ、安全な場所にいたとしても恐怖心を巻き起こさなければならない。いくら待っても敵が出陣を決心しなければ、こちらが出陣する。もし敵が動かなければ、自ら動いてみる。頻繁に敵の不安感を煽り、不用意な行動に走らせる機会を作り、それに乗じるのだ。

［解説］

「敵を自分の意のままに動かすのがよい」と解釈する点では、一般的な日本語訳もアミオ訳も共通する。ただし、その手段として書かれた「能使敵人自至者、利之也。能使敵人不得至者、害之也」という部分。一般的な日本語訳では「『利』と『害』によって敵を操る」とするが、アミオは「敵がこちらに来られないのは『害』のためなので、それを取り去って、来られるようにしてやる（利便をはかってやるといったニュアンスか）」と読む。

【原文】

出其所不趨、趨其所不意。行千里而不労者、行於無人之地也。攻而必取者、攻其所不守也。守而必固者、守其所不攻也。故善攻者、敵不知其所守。善守者、敵不知其所攻。微乎微乎、至於無形。神乎神乎、至於無声。故能為敵之司命。

【一般的な日本語訳】

敵が救援軍を送れないところに進撃し、敵の思いもよらぬ方面に撃って出る。千里も行軍して疲労しないのは、敵のいないところを進むからである。攻撃して必ず成功するのは、敵の守っていないところを攻めるからである。守備に回って必ず守り抜くのは、敵の攻めてこないところを守っているからである。

したがって、攻撃の巧みな者にかかると、敵はどこを守ってよいかわからなくなる。また、守備の巧みな者にかかると、敵はどこを攻めてよいかわからなくなる。

そうなると、まさに姿も見せず、音もたてず、自由自在に敵を翻弄することができる。こうあってこそはじめて敵の死命を制することができるのだ。

［アミオ訳］

守るべきときは、守備に全力をあげていく。決して手を抜いてはならない。進攻すべきときは、迅速に、そなたしか知らないルートを使って確実に進攻することだ。そなたが進軍することを敵が予測できないような場所に攻め進みなさい。敵の予想外の場所から突然あらわれ、考える暇もないうちに襲撃するのだ。

長いあいだ行軍し、千里★1に渡る行程で、その進退がいかなる攻撃にもあわず、また妨害を受けないようであれば、敵はその計画を悟っていないか、そなたを恐れているか、または彼らにとっての重要地点が防御できていないかのどれかを意味する。逆にそなたは、同じ失敗を自分で犯してはならない。

★原注1：中国の一里は一リューの十分の一であることは先に述べた通りである。

将軍の優れた戦術では、戦いが予定される場所を敵に悟らせず、敵が防御すべき場所をわからなくさせるのである。これに成功し、さらに自軍の動きを一切悟られなければ、優れた将軍というどころか、並外れた人物、非凡な人物★2とさえいえるだろう。姿を見られずにこちらは見、物音を聞かれずにこちらは聞き、音を立てずに行動し、意の向くままに敵を操るのだ。

★原注2：タタールの注釈では、「見られることなく見て、聞くことのできる才能を持ち合わせた並外れた人物である」とされている。

〔原文〕

進而不可禦者、衝其虚也。退而不可追者、速而不可及也。故我欲戦、敵雖高塁深溝、不得不与我戦者、攻其所必救也。我不欲戦、画地而守之、敵不得与我戦者、乖其所之也。故形人而我無形、則我専而敵分。我専為一、敵分為十、是以十攻其一也。則我衆而敵寡。能以衆撃寡者、則吾之所与戦者約矣。

〔一般的な日本語訳〕

進撃するときは、敵の手薄を衝くことだ。そうすれば敵は防ぎきれない。退却するときは、迅速に退くことだ。そうすれば敵は追撃しきれない。

こちらが戦いを欲するときは、敵がどんなに塁を高くし堀を深くして守りを固めていても、戦わざるをえないようにしむければよい。それには、敵が放置しておけないところを攻めることだ。反対に、こちらが戦いを欲しないときは、たとえこちらの守りがどんなに手薄であっても、敵に戦うことができないようにしむければよい。それには、敵の進攻目標を他へそらしてしまうことだ。

こちらからは、敵の動きは手にとるようにわかるが、敵はこちらの動きを察知できない。

これなら、味方の力は集中し、敵の力を分散させることができる。こちらが、かりに一つに集中し、敵が十に分散したとする。それなら、十の力で一の力を相手にすることになる。

つまり、味方は多勢で敵は無勢。多勢で無勢を相手にすれば、戦う相手が少なくてすむ。

[アミオ訳]

さらに、敵軍と遭遇したなら、こちらに有利な隙を敵に見出せなければ、敵の大軍を打ち破ろうなどとしてはならない。もし彼らが先に進んだり、もしくは元の道を戻ったりした時に、その動きが迅速で、秩序が保たれているようなら、追跡しようと考えてはならない。禁ずべき事柄ながら、もし追跡をかけるなら、遠く、不案内な国まで追うべきではない。戦端を切ろうとするさい、もし敵が己の陣地に留まっているのであれば、そこへ攻撃をしかけてはならない。特に、防御が固く、深い堀や高くそびえる防壁がある場合はなおさらだ。もし逆に、こちらから攻撃をしかけるべきときではないと考え、戦いを避けたいのであれば、自らの陣地に留まり、攻撃にもちこたえ、効果的な出撃を時々するようにしなさい。敵が疲弊するに任せ、秩序を乱し、油断していくのを待つのである。その結果、出撃が可能となり、優位に戦いを進めることができる。そなたの軍が決して分散しないよう常に細心の注意を払いなさい。配下の軍勢が、何時でもたやすくお互い援護し合えるようにしなさい。逆に、敵はできる限り分散させていく。もし敵が十に分かれたとすれば、それぞれを各個に、自軍の全力をもって攻撃する。これが常に優勢に戦うための真髄となる手法だ。こうすれば、そなたの軍がいかに小規模でも、自軍を常に多勢の側に置くことができる。他の要素がすべて同じであれば、概して多勢の側に勝利はもたらされるのだ。

【解説】

一般的な日本語訳では「敵をいかにコントロールするか」という観点が全体的に基調になっている。一方のアミオ訳では、「敵の状態に応じたこちらの振る舞い方」の話になっている。また、冒頭部分、逃げるのが自軍なのか、敵なのかで訳が大きく分かれている。

●

【原文】

吾所与戦之地不可知。不可知、則敵所備者多。敵所備者多、則吾所与戦者寡矣。故備前則後寡、備後則前寡、備左則右寡、備右則左寡。無所不備、則無所不寡。寡者備人者也。衆者使人備己者也。

【一般的な日本語訳】

どこから攻撃されるかわからないとなれば、敵は兵力を分散して守らなければならない。

敵が兵力を分散すれば、それだけこちらと戦う兵力が少なくなる。

したがって敵は、前を守れば後ろが手薄になり、後ろを守れば前が手薄になる。左を守れば右が手薄になり、右を守れば左が手薄になる。四方八方すべてを守れば、四方八方すべてが手薄になる。

これで明らかなように、兵力が少ないというのは、分散して守らざるをえないからである。また、兵力が多いというのは、相手を分散させて守らせるからである。

［アミオ訳］

そなたの戦いの進め方や、攻撃や防衛の準備の方策を、敵に決して知られてはならない。もし敵がまったくの手探り状態であれば、敵は大変な準備を強いられ、四方八方を固めようとし、力は分散され、おのずと敗北への道を辿ることになるだろう。

一方、そなたは、このような道を歩んではならない。主要な力は一箇所に集中させよ。もし正面から攻撃したいのであれば、軍の先頭に、もてる力を集中させなさい。最初に強い一撃を与えてしまえばもちこたえるのは難しいものであるし、逆にはじめに劣勢になってしまえば、盛り返すことは困難である。勇敢な者が手本となりさえすれば、臆病者も勇気づけられていく。臆病者とは、指し示した道に苦もなく従わせることはできても、自身で道を切り開くすべはもっていないものだ。もし左翼を攻めたいのであれば、この側にあらゆる準備を整えて、右翼に最も弱いと思われる者を配置せよ。逆に、右翼から攻めたいのであれば、右翼側に最高の軍を配置し、そこに専心すべきである。

〔解説〕

ここでも、主語が自軍か敵軍かで解釈が分かれる。アミオ訳の二段落目、兵力の分散によって戦力に濃淡ができてしまう話は、自軍のこととしてとらえているが、一般的な日本語訳では敵軍のこととしてとらえている。

●

〔原文〕

故知戦之地、知戦之日、則可千里而会戦。不知戦地、不知戦日、則左不能救右、右不能救左、前不能救後、後不能救前。而況遠者数十里、近者数里乎。以吾度之、越人之兵雖多、亦奚益於勝敗哉。

〔一般的な日本語訳〕

したがって、戦うべき場所、戦うべき日時を予測できるならば、たとえ千里も先に遠征したとしても、戦いの主導権を握ることができる。逆に、戦うべき場所、戦うべき日時を予測できなければ、左翼の軍は右翼の軍を、右翼の軍は左翼の軍を救援することができず、前衛と後衛でさえも協力しあうことができない。まして、数里も数十里も離れて戦う友軍を救援できないのは、当然である。

わたしが考えるに、敵国越《えつ》の軍がいかに多かろうと、それだけでは勝敗を決定する要因とはなりえない。

[アミオ訳]

これですべてではない。戦うべき場所の熟知が重要であるのと同様に、戦うべき日、時、その瞬間を知ることも重要である。これは決して蔑ろにしてはならず、計算しておくべき事柄にほかならない。もし敵が遠方にいるなら、見かけ上は陣地の中でじっとしているように見せながら、辿ってくる道筋を日ごとに把んで、その歩みを追跡しておく。たとえ敵が、そなたの目の届く範囲にいなくとも、敵の為すことはすべて見えるし、たとえ耳の届かない範囲にいても、その会話が聞き取れるようにしておく。その動きすべてを観察し、敵の恐れや期待までも知るために、その懐奥深くまで入り込む必要があるのだ。

敵の計画・進行・行動をすべて熟知できれば、いつでも、そなたの望む場所に敵を招くことができるだろう。そうすれば、敵は、前衛が後衛の救援を得られず、また右翼は左翼を救援することができないような布陣を余儀なくされ、そなたは、自分に最も有利な場所・時に、戦いをすることができるのだ。

敵と戦う日までは、敵に近づきすぎても、遠ざかりすぎてもいけない。近くても数里の距離、遠くても十里の距離が、彼我のとるべき距離になる。

数ばかり多い軍を持とうとしてはいけない。数ばかり多いことはしばし、無益であるどころか、有害にもなり得るのだ。訓練の行き届いた小規模な軍隊こそが、優れた将軍のもとで無敵になり得る。越王が呉王と戦ったさい、越王が整えた美しく、人ばかり多い軍隊が、越王の一体何の役に立ったというのだろう？[★1] 小人数で個々の部隊が構成され、部隊の数自体も少ない軍しか持たなかった呉王に打ち破られて、越王は屈服し、苦い記憶と、この上なく酷い軍だったという永遠の恥辱だけしか残すことがなかったのだ。

★原注1：越王国はChao-king-fou（固有名詞不詳）の近くの浙江にあった。呉王国は、江南にあった。

［原文］

故曰、勝可為也。敵雖衆、可使無闘。故策之而知得失之計、作之而知動静之理、形之而知死生之地、角之而知有余不足之処。故形兵之極、至於無形。無形、則深間不能窺、智者不能謀、因形而錯勝於衆、衆不能知。人皆知我所以勝之形、而莫知吾所以制勝之形。故其戦勝不復、而応形於無窮。

【一般的な日本語訳】

なぜなら、勝利の条件は人がつくり出すものであり、敵の軍がいかに多かろうと、戦えないようにしてしまうことができるからだ。

勝利する条件は、次の四つの方法でつくり出される。

一、戦局を検討して、彼我の優劣を把握する

二、誘いをかけて、敵の出方を観察する

三、作戦行動を起こさせて、地形上の急所をさぐり出す

四、偵察戦をしかけて、敵の陣形の強弱を判断する

先にも述べたように、戦争態勢の神髄は、敵にこちらの動きを察知させない状態――つまり「無形」にある。こちらの態勢が無形であれば、敵側の間者が陣中深く潜入したところで、何も探り出すことはできないし、敵の軍師がいかに知謀にたけていても、攻め破ることができない。

敵の態勢に応じて勝利を収めるやり方は、一般の人にはとうてい理解できない。かれらは、味方のとった戦争態勢が勝利をもたらしたことは理解できても、それがどのように運用されて勝利を収めるに至ったのかまではわからない。

それ故、同じ戦争態勢を繰り返し使おうとするが、これはまちがいである。戦争態勢は敵の態勢に応じて無限に変化するものであることを忘れてはならない。

[アミオ訳]

しかしながら、小規模な軍隊しかそなたが持っていないのであれば、大軍を相手に、時宜にかなわず戦おうとしてはならない。攻撃をしかける前にやっておくべき下準備がたくさんある。先にのべたような知識をもってすれば、攻撃すべきときなのか、守りに徹すべきときなのかが、理解できるはずだ。沈黙を保つべきときはいつか、動き始めるべきときはいつかについても、判断できるだろう。もし戦いを余儀なくされたなら、己が勝つのか、それとも敵が勝つのかが、予測できるに違いない。敵軍の様子を観察するだけで、その勝敗や安危を、導き出せるようになるのだ。もう一度述べるが、成功のためのあらゆる準備ができたのか、必ず事前に確認しておかなければ、先制攻撃をしかけるべきではないのだ。

そなたが軍旗をはためかせたとき、兵士たちがまず見せる反応から、読み取れることがある。彼らの初っ端の反応に注意を傾けるのだ。熱意があるのか、無頓着なのか、また脅えているのか勇壮なのかによって、首尾不首尾は判断できる。開戦前の軍隊が初っ端に見せる様子から予測されることは、決して当てにならないものではない。目覚しい勝利を手にした軍であっても、もしその戦いが一日早かったり、もしくは数時間遅く始まっていたとしたら、完敗に終わっていたであろう。

[解説]

冒頭部分の「故曰、勝可為也。敵雖衆、可使無闘」、一般的な日本語訳では「なぜなら、勝利の条件は人がつくり出すものであり、敵の軍がいかに多かろうと、戦えないようにしてしまうことができるからだ」として、前段にあった「わたしが考えるに、敵国越の軍がいかに多かろうと、それだけでは勝敗を決定する要因とはなりえない」の理由を示すものとして解釈、一続きに扱っている。一方、アミオ訳では「大軍相手に、時宜にかなわず戦うな」と、ここまで展開してきた「軍隊は小規模で訓練されたものがよい」という論旨に対しての注意書きのような解釈をしていて、段落を改めている。

後の段落は、「形」というキーになる言葉を、アミオ訳では「兵士たちの様子」と解釈して訳している。

また最後の「故其戦勝不復、而応形於無窮」の部分は、

・故其戦勝不復――勝利に再現性はない

・而応形於無窮――なぜなら、勝利は一回限りの微妙なタイミングで成り立っているからだと、おそらく解釈して訳している。

【原文】

夫兵形象水。水之形、避高而趨下。兵之形、避実而撃虚。水因地而制流、兵因敵而制勝。故兵無常勢、水無常形。能因敵変化而取勝者、謂之神。故五行無常勝、四時無常位、日有短長、月有死生。

【一般的な日本語訳】

戦争態勢は水の流れのようであらねばならない。水は高い所を避けて低い所に流れて行くが、戦いも、充実した敵を避けて相手の手薄をついていくべきだ。

水に一定の形がないように、戦いにも、不変の態勢はありえない。敵の態勢に応じて変化しながら勝利をかちとってこそ、絶妙な用兵といえる。

それはちょうど、五行《ごぎょう》が相克《そうこく》しながらめぐり、四季、日月が変化しながらめぐっているのと同じである。

【アミオ訳】

軍隊の形態は、流れる水のようでなくてはならない。その源が高ければ、川や小川の流れは速くなる。源の高さがあまり変わらなければ、水はあまり動きを見せない。空いた場所があれば、格好の浸入口をわずかでも見つけた途端、水はそこに流れ込んで満たす。満ち溢れている場所があれば、水は自然と他の場所へ流れ出ようとする。

同じように、そなたの軍の隊列を見渡して、手薄な所があればそこを埋めるべきだ。人が余っている所があれば、減らさなければならない。強過ぎるところがあれば、ほどほどに抑え、弱過ぎるところがあれば、強くする。水はその地形に沿って流れるものだ。同じように、そなたの軍隊も占拠している場所にあわせて配置しなければならない。傾斜がなければ、水は流れることができない。軍もうまく指揮されなければ、勝つことはできない。すべてことを決定するのは将軍である。将軍が有能であれば、どんな危険や、危機的な状況に陥っても、自らの有利に運ぶことができるはずだ。自軍のみならず敵軍にも、自らの望む形をとらせることができるはずだ。いかに勇猛な軍であっても、彼らを勇猛たらしめている資質を持ち続けることはできない。逆に、どれほど最悪の兵士であっても、向上させ、優れた戦士へと徐々に育てることもできる。この原理に従って行動することだ[★1]。有利であると思ったら、どんなチャンスも逃してはならない。五つの要素は普遍的に存在するわけではなく、均質な純然さを保っているわけではない。四季は毎年同じように巡るわけではない。太陽が昇り、沈むのは、常に同じ地平ではない。月はいつも同じように輝いてはいない。よく指揮され、訓練された軍隊は、このような変化に、適切に倣うものである。

★原注1：他所で述べたように、中国人は、自然には五つの要素、もしくは原始的な原因があると考えている。これらは多少を変えてからみあうものである。五つの要素とは、土、木、水、火、金である。

[解説]

ここでは水に対する二つのイメージ——「避高而趨下（高きを避けて下きに趣く）」「因地而制流（地に因りて流れを制す）」が出てくる。まず、アミオ訳では「避高而趨下」を「水が低いところを埋めていくさま＝自軍の手薄なところの補強」と解釈する。このため続く「避実而撃虚」を、「自軍の戦力の凸凹を均す」という意味にとらえている。

続く「因地而制流」の方は「水が地形に逆らわないさま＝戦場の状況に応じた配置、指揮」としていて、大きい方向性としては一般的な日本語訳と重なってくる。

また、次の部分は対応がわかりにくいが、次のようだと考えられる。

・故兵無常勢、水無常形——将軍が有能であれば、どんな危険や、危機的な状況に陥っても、自らの有利に運ぶことができるはずだ。自軍のみならず敵軍にも、自らの望む形をとらせることができるはずだ。

・能因敵変化而取勝者、謂之神——逆に、どれほど最悪の兵士であっても、向上させ、優れた戦士へと徐々に育てることもできる。この原理に従って行動することだ。有利であると思ったら、どんなチャンスも逃してはならない。

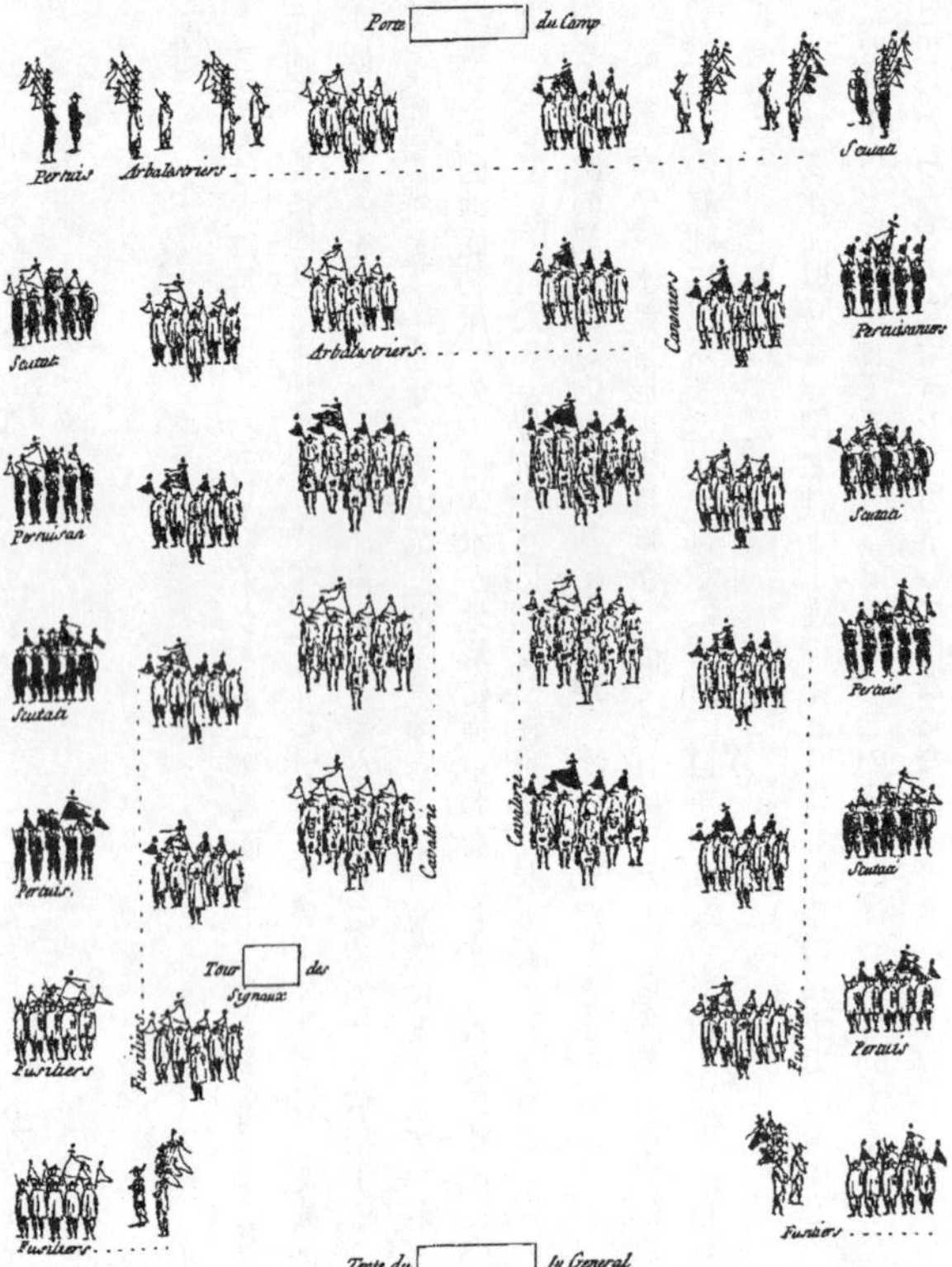
Porte du Camp
Pertuis
Arbalestriers
Scutati
Scutati
Arbalestriers
Canoniers
Pertuisaniers
Pertuisan
Scutati
Scutati
Pertuis
Pertuis.
Cavalerie
Cavalerie
Scutati
Tour des Signaux
Fusiliers
Fusiliers
Fusiliers
Pertuis
Fusiliers
Fusiliers
Tente du General

第7章　有利に進めるべき点（軍争）

●〔原文〕

孫子曰、凡用兵之法、将受命於君、合軍聚衆、交和而舎、莫難於軍争。軍争之難者、以迂為直、以患為利。故迂其途、而誘之以利、後人発、先人至。此知迂直之計者也。故軍争為利、軍争為危。

〔一般的な日本語訳〕

戦争の段取りは、まず将軍が君主の命を受けて軍を編成し、ついで陣を構えて敵と対峙するわけであるが、そのなかでもっともむずかしいのは、勝利の条件をつくりだすことである。勝利の条件をつくりだすことのむずかしさは、「わざと遠回りをして敵を安心させ、敵よりも早く目的地に達し」、「不利を有利に変える」ところにある。

たとえば、回り道を迂回しながら、利で誘って敵の出足をとめ、敵より後れて出発しながら先に到着する。これが「迂直の計」――すなわち迂回しておいて速やかに目的を達する計謀である。

勝利の条件をつくり出すことができれば、戦局の展開に有利となるが、しかし、それには危険も含まれている。

[アミオ訳]

孫子は言った、

将軍がその指揮下におく軍をひと所に集めたら、有利な地へ布陣することをまず心掛けなければならない。というのも、計画の成否の大半はここにかかっているからだ。しかしこれは、いざ実行となると、想像するほど容易ではない。ぶつかる困難は無限にあり、またその種類も限りないのだ。困難を取り除き、乗り越えるためにはあらゆる手をうたなければならない。

ひとたび陣を張ったら、場所の遠近、有利な面と不利な面、活動と休息、敏速さと緩慢さに目を向けなければならない。つまり、遠くのものに対しては距離をつめ、不利な面からさえも有利さを引き出し、恥ずべき休息は有益な活動に換え、緩慢さは敏速さに切り変えるのである。もっと言うと、敵がそなたはまだ遠くにいると考えている間に近づき、こちらが不利を被っていると敵が考えていれば、実際は有利な状況に身をおき、休んでいると考えていれば効果的に活動し、動きが緩慢であると思っていれば、努めて敏速に動く。敵の目をごまかして安心させ、予想もしていなかった時に、気づく暇も与えずに、敵を叩けるようにするのだ。

遠近を利用する戦術は、こちらが陣を張ろうとする場所や、自陣を脅かしかねない地点から敵を遠ざけることにある。有利になる要素から敵は引き離し、自らは利益を引き出すすべての要素に近づく。また、奇襲を受けないよう常に警戒し、逆に敵への奇襲のチャンスをうかがうために、見張り続けることだ。

さらに、自らに利益をもたらすと確信をもてないのであれば、小さな戦いであっても身を投じてはならないし、万一投じる場合でも、不可避の事態に限定する。しかし、とりわけ避けなければならないのは、完璧な勝利が確信できない場合に、全軍的な戦いに乗り出すことである。そのような状態で、性急に戦い始めるのはとても危険である。時宜にかなわぬ戦争は、すべてを失わせてしまう。その結果があいまいで、または半分も上手くいっていないとなれば、最小限に見積もっても、そなたの見込みはほぼ失われ、そなたの目的に到達することはできないこととなる。

［解説］

「迂直の計」として知られている部分。一般的な日本語訳では、

迂――遠回り

直――最短経路

と、とるが、アミオはまとめて「遠近を利用する戦術」としてとらえている。全体としてアミオの解釈は字義においてやや無理なところがあるが、解釈の理路としては通りやすい。なぜなら、日本語訳の解釈をとると、どうしても「こちらが有利に待ち受けている戦場に、なぜ敵がわざわざ不利とわかって戦いに来るのか」という疑問が出てきてしまうからだ。これでは、敵がよほど戦わざるを得ない状況に陥っているか、敵の将軍がひどく愚かでないと成り立ちにくい。もちろん、そのように敵を追い詰めての話だ、と解釈もできるが、自分に都合の良すぎる見方かもしれない。

［原文］

挙軍而争利、則不及、委軍而争利、則輜重捐。是故巻甲而趨、日夜不処、倍道兼行、百里而争利、則擒三将軍。勁者先、疲者後、其法十一而至。五十里而争利、則蹶上将軍。其法半至。三十里而争利、則三分之二至。是故軍無輜重則亡、無糧食則亡、無委積則亡。故不

知諸侯之謀者、不能予交。不知山林、険阻、沮沢之形者、不能行軍。不用郷導者、不能得地利。故兵以詐立、以利動、以分合為変者也。

〔一般的な日本語訳〕

たとえば、重装備のまま全軍をあげて戦場に投入しようとすれば、敵の動きに後れをとるし、逆に、軽装備で急行しようとすれば、輜重《しちょう》（輸送）部隊が後方にとりのこされてしまう。

したがって、昼夜兼行の急行軍で戦場におもむけば、その損害たるや甚大である。すなわち百里の遠征であれば、上軍（先発部隊）、中軍、下軍の三将軍がすべて捕虜にされてしまう。なぜなら強い兵士だけが先になり、弱い兵士はとりのこされて、十分の一の兵力がやっと戦場に到着して戦うことになるからである。また、五十里の遠征であれば、兵力の半分しか戦場に到着しないから、上軍の将軍が討ちとられてしまう。同じく三十里の遠征であれば、三分の二の兵力で戦う羽目になる。

これで明らかなように、輜重、糧秣、その他の戦略物資を欠けば、軍の作戦行動は失敗に終わるのである。

諸外国の動向を察知していなければ、外交交渉を成功させることはできない。敵国の山川、森林、沼沢などの地形を知らなければ、軍を進撃させることはできない。また、道案内を用いなければ、地の利を得ることはできない。

作戦行動の根本は、敵をあざむくことである。有利な情況のもとに行動し、兵力を分散、集中させ、情況に対応して変化しなければならない。

【アミオ訳】

最終的な決戦を始めるには、十分な予測と、長い準備が不可欠だ。戦争という場面においては、どんなことでも偶然に期待をかけてはならない。戦いの火蓋を切る、と決め、すべての準備を整えたなら、不要な荷物は安全な場所にすべて残し、兵には、彼らの邪魔になったり、重荷になったりするものはすべて手放させる。武器についても、簡単に運べるものだけを持たせるのだ。

もし遠征するのであれば、昼も夜も行軍させよ。通常の倍の距離を進むようにするのだ。このため、精鋭は軍の先頭に置き、弱いものは最後尾につける。あらゆることを見越して準備する。そして敵がまだそなたが百里の先にいると思っている間に、攻撃をしかけるのだ。こうすれば、勝利は間違いない。しかし、もし敵との距離がまだ百里あるとして、そなたの軍が五十里しか進まず、敵も同じだけ進んだとしたら、十回戦闘があれば、五回は敗け、三回戦闘があれば、二回は勝てるぐらいでしかないだろう。もし、そなたが敵の陣地に到着するまであと三十里というところに来て、はじめて敵が気づいたとしたら、残りのわずかな時間であらゆる準備をし、迎え撃つ構えをとることは難しいに違いない。

兵に休憩を取らせていたなどという理由で、到着したらすぐ攻撃をしかけることに失敗しないよう注意しなければならない。不意を打たれた敵というのは、半ば制圧されたようなものである。しかし、ちょっとでも気づく時間があれば、同じようにはいかない。すぐに敵は逃れる手段をみつけ、ともすれば、返り討ちに遭うことさえある。そなたの指揮下にあるうちは、兵士たちの秩序、健康、安全を保つために、なにひとつも蔑ろにしてはならない。彼らの武器が常によい状態にあるようにも気を遣わなければならない。食糧も平常と同様に与え、不足があってはならない。食糧の蓄えは豊富で、布陣に間に合うべく集積するよう、心をくだく必要がある。というのも軍の装備が悪く、野営の食糧が不足し、必要な貯蓄を前もってできていないのであれば、勝利するのは非常に困難であるからだ。諸外国の大臣と内密に通じることも忘れてはならない。同盟国や属国の君主たちが持ち得る計画や、そなたの仕える主の行動へ影響を与え、そなたの計画を妨害し、今までのあらゆる配慮を無にしかねないような命令や防衛を強制する、彼らの良い意図や、悪い意図に常に通じていなければならない。そなたにいかに慎重さや才覚があったとしても、彼らの陰謀や悪いたくらみには、長くは抗しにくいものだ。この不都合をなくすために、まるで彼らの知恵を必要としているかのように、一定の場合には彼らの意見を聞くことだ。諸外国の大臣や属国の君主たちの友はそなたの友とする。決して利益のことで彼らと不和を起

こしたりしてはならない。小さなことでは彼らに譲っておき、できるだけ緊密な同盟を結んでおくことだ。★1

★原注1：著者がここで話しているのは、将軍に軍や食糧の供給を拒んだり、些細な理由でその通過を許したり、拒否したりできる、地方を統治する君主たちについてである。彼らは、その地における小さな支配者といえるものであった。実際は、彼らはしばしば公国もしくはときに王国として、その統治権を授かっている王や皇帝に支配されている。しかし、ひとたび備えが十分となると、最高権力者となんら変わりのない権力を行使する。特に王朝（l'Empire）が解体され、中国にいくつかの王国があったときは顕著であった。彼らは王または皇帝によく映るよう演じていたので、将軍の意図や利益どおりに王を傾けたり反らせたりすることは容易であった。一方将軍は野営の中や軍隊において限りない力をもっていた。軍を召集するために奔走するのは将軍であり、各地方がどれだけの人、金、食糧を供給するかを決めるのも将軍であった。つまり、戦争に関することがひとたび決まれば、なにごとも将軍の命令なしには動かないのであった。

将軍にさらに求められることは、自らをとりまく環境を正確に、そして詳細に知っておくことだ。森や林、大小の川、乾いて石だらけの土地、危険な沼地、山、丘陵、小高い丘、谷、断崖、狭路、開けた地、これらの位置を把握しておけば、そなたの軍への影響を知っておくことができる。もし、そなた自身で地形の有利、不利を把握できない場合には、少なくとも確実に信用できる道案内を確保しておくことだ。

［解説］

全体的に、以下の異なる解釈がベースになっている。

・一般的な日本語訳――移動距離に比例して、遠くなればなるほど、自軍が戦場で使える戦力が少なくなる。

・アミオ訳――相手に知られぬよう、うまく敵との距離をつめれば、奇襲などがしやすく勝ちやすくなる。

アミオ訳では、これを「遠近を利用する戦術」による勝ち方として考えていた。

［原文］

故其疾如風、其徐如林、侵掠如火、不動如山、難知如陰、動如雷霆。掠郷分衆、廓地分利、懸権而動。先知迂直之計者勝。此軍争之法也。

［一般的な日本語訳］

したがって作戦行動にさいしては、疾風のように行動するかと思えば、林のように静まりかえる。燃えさかる火のように襲撃するかと思えば、山のごとく微動だにしない。暗闇に身をひそめたかと思えば、万雷のようにとどろきわたる。兵士を分遣しては村落を襲い、守備隊をおいて占領地の拡大をはかり、的確な情況判断にもとづいて行動する。

要するに、敵に先んじて「迂直の計」を用いれば、必ず勝つ。これが勝利する条件である。

［アミオ訳］

静を保つべきときは、陣を支配する静寂は深い森の深部のそれのようであり、反対に、行動を起こし、騒ぎを巻き起こすときには、落雷の轟音のようであるべきだ。自らの陣地から動かぬときは、山のように不動であり、侵略のために出撃するときは、火のように激しくなければならない。敵の目をくらますべきときは、雷光のようであり、計を隠すべきときは、闇のように不透明であるべきだ。何よりもまず、ムダな出撃は決してしてはならない。分遣隊を送るのならば、常に見込みをもって、もっというならば、実質的な利点を確信してのことでなければならない。また、不平を避けるために、敵から奪ったものの分配は、的確で公平でなければならない。

［解説］

「風林火山」としてよく知られる一節だが。アミオ訳ではなぜか「疾きこと風の如し」が後半に移され、しかも「落雷の轟音」となっている。『孫子』全体を通しても、ここと同じように箇条書き的な内容が、順番を前後して訳されている現象は、アミオ訳にかなり見られる。もしかしたら、満州語訳に由来するものかもしれない。

●

〔原文〕

軍政曰、言不相聞、故為金鼓。視不相見、故為旌旗。夫金鼓旌旗者、所以一人之耳目也。人既専一、則勇者不得独進、怯者不得独退。此用衆之法也。故夜戦多火鼓、昼戦多旌旗、所以変人之耳目也。

〔一般的な日本語訳〕

古代の兵書に、

「口で号令をかけるだけでは聞きとれないので、ドラや太鼓を使用する。手で指図するだけでは見分けることができないので、旌旗《せいき》を使用する」

とある。

ドラや太鼓、旌旗は、兵士の耳目を一つにするためのものである。これで兵士を統率すれば、勇猛な者でも独断で抜け駆けすることができず、臆病な者でも勝手に逃げ出すことができない。これが大軍を動かす秘訣である。
とくに、夜戦ではかがり火と太鼓をふやし、昼戦では旌旗を多用して、部隊間の連絡を密にしなければならない。

［アミオ訳］

以上述べたことに加え、命令を下し、それを実行させる方法についても知っておかねばならない。兵の大部分が、そなたを見ることも、声を聞くこともできないような場合の野営では、太鼓や鑼★1、軍旗が、そなたの声や体をおぎなってくれる。兵たちに、駆使できるすべての合図を教えこむのだ。もし夜のあいだに軍を機動させなければならないのであれば、それを太鼓や鑼の音で知らせる。逆にもし、昼のあいだに行動を起こすことが必要であれば、軍旗を使って、そなたの意思を知らせるのだ。夜に多くの太鼓や鑼の激しい音をならすことは、そなたの兵の勇気を掻き立てるだけでなく、敵の恐怖心をあおることもできる。膨大な数の軍旗が鮮やかにきらめき、群れとなってはためくさま、その色の多様性、そしてそれらが一つに集結していることの特異さは、兵に指令を伝えながら、一方では昼のあいだ中、気をひきしめさせ、戦いに専心させ、気持ちを高揚させるが、敵には不安や混乱を生じさせることができる。つまり、軍全体に同時にそなたの意思をすばやく知らしめることができるうえに、そなたが何か企んでいると敵が考えることで、敵の気をもませて疲弊させ、そなたのとる行動すべてに対して常に疑念を生じさせ、彼らに絶え間ない恐怖心を抱かせることができるのだ。

★原注1：軍隊における鑼（訳注：銅鑼《どら》のこと）は、直径約三ピエ、深さ六プスの青銅のたらいである。木の棒で叩くと、かなり遠くからでも聞こえる楽器である。

もし、誰か勇敢な者が、敵を挑発しようとひとりで列を出ようとしても★2、決してそれを許してはならない。このような兵が帰ってくることができるのは、まれなことである。裏切られたり、大人数で攻撃されたりして、無名のまま死んでいくのだ。

★原注2：中国の軍隊において、名をなさんとする者は誰でも、足の先から頭のてっぺんまで武装し、野営から飛び出して、敵前に姿を現すことが、かつては許されていた。己の名をとどろかすために、一対一の戦いを挑むことがあった。名誉をかけて二人の兵が両軍の前で戦うのだ。しかし、それには力と同様に、策略や技、才能が必要であった。

●

［原文］

故三軍可奪気、将軍可奪心。是故朝気鋭、昼気惰、暮気帰。故善用兵者、避其鋭気、撃其惰帰。此治気者也。以治待乱、以静待譁。此治心者也。以近待遠、以佚待労、以飽待飢。此治力者也。無邀正正之旗、勿撃堂堂之陣。此治変者也。

[一般的な日本語訳]

かくて、敵軍の士気を阻喪させ、敵将の心を攪乱《かくらん》することができるのである。そもそも、人の気力は、朝は旺盛であるが、昼になるとだれ、夕方には休息を求めるものだ。軍の士気もそれと同じである。それ故、戦上手は、敵の士気が旺盛なうちは戦いを避け、士気の衰えたところを撃つ。「気」を掌握するとは、これをいうのである。

また、味方の態勢をととのえて敵の乱れを待ち、じっと鳴りをひそめて敵の仕掛けを待つ。「心」を掌握するとは、これをいうのである。

さらに、有利な場所に布陣して遠来の敵を待ち、十分な休養をとって敵の疲れを待ち、腹いっぱい食って敵の飢えを待つ。「力」を掌握するとは、これをいうのである。

もう一つ、隊伍をととのえて進撃してくる敵、強大な陣を構えている敵とは、正面衝突を避ける。「変」を掌握するとは、これをいうのである。

[アミオ訳]

そなたの軍の士気が高まっているように見えるときは、彼らの熱意を有効に生かすことを忘れてはならない。好機を生じさせ、またその好機を見分けることは、将軍の熟練にかかっている。しかし、そのためには、将校の意見を取り入れたり、彼らの知識を利用したりすることをないがしろにしてはならない。殊に、その知識がそなたと目的を一つにして有利に働く場合には。

時間と気温もないがしろにできない条件である。優れた将軍はあらゆることを利用するものだ。朝と夕方の空気は力を与えてくれる。朝、兵たちは生気にあふれ、夕方もまた活力にあふれている。日中の空気は彼らを弱くし、活力を奪う。夜、兵たちは疲れ、休息を欲する。それが普通である。

したがって、敵を攻撃したいのであれば、優勢に進めるためには、敵の兵が弱くなっているとき、または疲れているときを選ぶべきである。自軍については事前策を講じておけば、前もって十分に休み、生気をみなぎらせた軍は、力や活力という点で優勢に立つことができるのだ。

もし、敵の隊列に秩序が保たれているようであれば、それが乱され、無秩序となるまで待ちなさい。もし敵が接近しすぎるのが気に入らず、邪魔であるならば、まず自分から距離を置くようにし、次にまた遠くから近づくのを狙って攻撃できるようにすればよい。

もし敵に勢いが見られれば、それがおさまり、不安と疲労の重みにやられるまで待つことだ。

もし敵がコウノトリのように集合し、並んでいるのであれば、侵攻するのは控えることだ。

絶望に追いやられた敵は、勝利か滅亡かをかけて戦ってくる。したがって、衝突は避けるべきである。

［解説］

朝、昼、晩の箇所は、一般的な現代語訳では「士気が盛衰するさま」の比喩的表現としてとらえるが、アミオは実際の戦闘時間と重ね合わせている。このため「自軍については事前策を講じておけば、前もって十分に休み、生気をみなぎらせた軍は、力や活力という点で優勢に立つことができるのだ」といった解釈が入ってくる。

また、「コウノトリのように集合し」は「正正之旗」「堂堂之陣」の訳語であるが、フランス語には一般的にはこのような比喩表現はないという。満州語訳にコウノトリが出てきた、ないしはアミオが独自に比喩として入れた可能性の他に、以下のような推論も成り立つ（ベニエ守屋そよの指摘）。

この部分の原文は「Si vous les voyez attroupés & rangés comme des cigognes, gardez-vous bien d'aller à eux.（les が指すのは les rangs ennemis）」

このうち、cigognes は gigognes（大小の入れ子式）の誤植であり、本来は des と gigognes の間に何らかの名詞があって「入れ子式の○○の様に」という表現になっていた――

確かに、入れ子式というイメージは軍隊編成のイメージに近いが、誤植に関しては残念ながら確証はないため、事実か否かはわからない。

●【原文】

故用兵之法、高陵勿向、背丘勿逆、佯北勿従、鋭卒勿攻、餌兵勿食、帰師勿遏、囲師必闕、窮寇勿迫。此用兵之法也。

【一般的な日本語訳】

したがって、戦闘にさいしては次の原則を守らなければならない。

一、高地に布陣した敵を攻撃してはならない
二、丘を背にした敵を攻撃してはならない
三、わざと逃げる敵を追撃してはならない
四、戦意旺盛な敵を攻撃してはならない
五、おとりの敵兵にとびついてはならない
六、帰国途上の敵のまえにたちふさがってはならない
七、敵を包囲したら必ず逃げ道を開けておかなければならない

八、窮地に追いこんだ敵に攻撃をしかけてはならない
これが戦闘の原則である。

[アミオ訳]

もし敵が高地に逃げたら、決してそこまで追ってはならない。また、そなた自身が不利な地にいるのであれば、状況を変えないままに長くとどまってはならない。もし敵が窮地に追いやられ、野営を放棄し、よそで野営を張ろうと道を開いて行軍しているのであれば、それを阻止してはならない。

もし敵が機敏ですばしっこければ、彼らの後を追ってはならない。もし敵があらゆるものに窮していれば、絶望に追いやってはならない。

以上が、今話した、このちょっとした戦略を用いなければ制圧できないであろう、己と同等に慎重で、勇猛であるかもしれない敵と、軍の責任者として戦わなければならない時に、そなたが手にいれなければならないあらゆるアドバンテージについて、私が言っておくべきおおよその所である。

第8章　九つの変化（九変）

★原注：ここでもまた、著者がこの章であつかっている題材とタイトルがどう呼応しているのか、見えてこない。以下に注釈者が述べていることを記しておく。「軍を指揮するに当たってつけることのできる変化がいかに数限りなくあろうと、ここではその基本である九つに絞っている。九つとは他をまとめることのできる最小限の数である。軍の通常の行動に副次的に生じるすべてのこと、もしくは実際の状況に応じて実行を決定された軍事行動を変化とよぶ」。タタールの注釈者にならって、各変化の頭に数字を記した。

●

〔原文〕

孫子曰、凡用兵之法、将受命於君、合軍聚衆、圮地無舎、衢地交合、絶地無留、囲地則謀、死地則戦。塗有所不由。軍有所不撃。城有所不攻。地有所不争。君命有所不受。

〔一般的な日本語訳〕

将帥は君主の命を受けて軍を編成し、戦場に向かうのであるが、戦場にあっては、次のことに注意しなければならない。

一、「圮地《ひち》」すなわち行軍の困難なところには、軍を駐屯させてはならない。

二、「衢地《くち》」すなわち諸外国の勢力が浸透しあっているところでは、外交交渉に重きをおく。

三、「絶地《ぜっち》」すなわち敵領内深く進攻したところには、長くとどまってはならない。

四、「囲地《いち》」すなわち敵の重囲におちて進むも退くもままならぬときは、たくみな計略を用いて脱出をはかる。

五、「死地《しち》」すなわち絶体絶命の危機におちいったときは、勇戦あるのみ。

以上の五原則は、別の角度から見れば、次のようにもまとめることができる。

一、道には、通ってはならない道もある。

二、敵には、攻撃してはならない敵もある。

三、城には、攻めてはならない城もある。

四、土地には、奪ってはならない土地もある。

五、君命には、従ってはならない君命もある。

[アミオ訳]

1　孫子は言った、

もしそなたが、沼地、洪水の恐れのある土地、深い森や険しい山々が連なる場所、不毛で乾燥した場所、河川や小川しかない場所、つまりは簡単には救済を求められない場所、いかなる手段によってもよりどころにできるものがない場所にいるのであれば、できる限り迅速にそこから抜け出すようにしなければならない。非常に広大で、兵が互いの声を聞け、容易に立ち退くことも、また同盟軍が苦もなくそなたが必要としている救援を与えることもできる場所を探すべきである。

2　孤立した場所に陣を張ることは、最大限の注意をもって避けなければならない。たとえそれを余儀なくされたとしても、そこから脱出するために必要な時間以上とどまってはならない。すぐさま確実に、そして正しい手順でそれを実行するための有効な措置をとらなければならない。

3　泉や小川、井戸などから離れた場所、容易に食糧や飼い葉を調達することができない場所には、長くとどまっていてはならない。また、陣を引き払う前に、次に選んだ場所が、敵の奇襲から身を避けることができる山に守られている安全なところなのか、簡単に撤退ができる場所なのか、食糧やその他の必需品を入手するために必要な条件が揃っているのかを確かめなければならない。もし確認ができたら、ためらうことなくそこに陣を張るべきである。

4　死地では、反撃のチャンスをさがす。死地とは、その場を切り抜けるいかなる手段もなく、厳しい気候に少しずつ衰え、次を手に入れる望みのないまま食糧が少しずつ消費されていくというような場所である。そこでは軍のなかにはびこり始めた病気が、間もなく猛威をふるうこととなるだろう。もしこのような状況に陥ってしまったとしたら、早急に戦いを始めるべきだ。そなたの軍が全力で戦うことを保証しよう。これから予測される、彼らに襲いかかり、苦しめるあらゆるその地形から生じる苦難に比べれば、敵の手に落ちて死ぬということが少しはましなことに思えるであろう。

5　もし、偶然もしくはそなたの失敗から、相手から簡単に策略をかけられ、追跡をかけられれば逃げ切るのは容易ではなく、食糧を断ち、行く手を遮られることもあるような隘路ばかりの場所にはまってしまったのであれば、敵に攻撃をしかけてはならない。しかしもし敵が攻撃してきたのであれば、死ぬ気で戦わなければならない。多少の優勢や半勝利といったことに満足すべきではない。それは壊滅のきっかけとなりうることである。完璧な勝利の気配をすべて手に入れたあとでも、絶えず警戒をしなくてはならないのだ。

6　たとえそれがいかに小さな町であっても、よく防備がなされ、武器弾薬や糧食を豊富に蓄えていることがわかっているのであれば、その町を攻囲するようなことがあってはならない。またもし、攻撃を始めるまで町がそのような状態であることを知らなかったのであれば、戦いを続けることに固執すべきではない。兵力のすべてがこの場所の攻略に失敗するのを目の当たりにする恐れがあり、恥ずべき断念を余儀なくされるであろう。

7　どんなに小さなことでも有利となることは、それを手に入れられることが確実で、かつ自ら失うものが何もないのであれば、手に入れるよう努めることを怠ってはならない。手に入れることができたのに蔑ろにしてしまった小さな有利となる事柄がいくつも重なって、しばしば多大なる損失と取り返しのつかない損害を引き起こすこととなるのだ。

8　有利となるものを手に入れようとする前に、そこから得られるものを、そのために必要な手間、労力、そこに費やされ、失われる人員や武器と比べる必要がある。また、それを容易に維持することができるのかをおよそでも知っておくべきである。その後に、冷静かつ慎重に判断して、それを取るのか放っておくのかを決定する必要がある。

9　早急に方針を決定しなければならない場合には、君主の命令を待とうとしてはならない。また君主の命令に逆らうことになってしまいそうな場合でも、躊躇せず、恐れずに行動すべきである。そなたを軍の先頭に置いた君主の第一のそして主要な目的は、そなたが敵を征服することである。その君主がそなたのいる状況を予め予測していたのであれば、そなたがとろうとした行動を、君主自身がそなたに指図していたであろう。

[解説]

この一節は、古来、解釈上問題ありとされてきたものだった。章題や後の文に「九変」とあるにもかかわらず、項目が十個あげられているからだ。最後にある「君命有所不受

（君命に受けざる所あり）」だけがやや異質なので、これは全体への言及として項目から外すなどの説があるが、アミオ訳では、おそらく次のように整理している。

圮地――1
衢地――2
絶地――3
囲地――5
死地――4
塗有所不由――7
軍有所不撃。城有所不攻――6（通常はこの部分も二つに分ける）
地有所不争――8
君命有所不受――9

なおアミオの訳文において、1の番号が「孫子は言った、」のうえにかかっているのは、原文ママ。

●【原文】

故将通於九変之利者、知用兵矣。将不通於九変之利者、雖知地形、不能得地之利矣。治兵不知九変之術、雖知五利、不能得人之用矣。

〔一般的な日本語訳〕

したがって、臨機応変の効果に精通している将帥だけが、軍を率いる資格がある。これに精通していなければ、たとい戦場の地形を掌握していたとしても、地の利を活かすことができない。また、軍を率いながら臨機応変の戦略を知らなければ、かりに先の五原則をわきまえていたとしても、兵卒に存分の働きをさせることができない。

〔アミオ訳〕

これらが、私が九つの変化もしくは九つの基本的な状況と呼ぶものである。これらに則して、軍の態勢や位置を変えたり、所在場所を変えたり、侵攻するのか撤退するのか、攻めるのか守るのか、動きを起こすのか沈静を保つのかの決定が左右されることとなる。優れた将軍というものは決して次のようなことを言ってはならない。どんな状況が訪れようと、これこれをして、そこへ行き、敵を攻撃して、どこそこを包囲する。状況のみがそれを決定するのであって、一つの一般的なシステムや、統治するためのワンパターンな方法などに固執するようなことがあってはいけない。その日、その場、その状況が、同じ行動原理をもとに、個々の応用を要求するのである。行動原理というものはそれ自体優れたものではあるが、適用の仕方によっては、しばしば悪いものへと変わってしまうのである。偉大なる将軍というのは変化に対する術を心得ていなければならない。もし将軍が、特定の行動原理の漠然とした知識や、たった一つの決まった方法による戦術の適用、馬鹿の一つ覚えのような決まりきった特定の規律や、戦場の地形に対する杓子定規な知識をふりまわすのみであったり、さらに私の考えを言わせてもらえば、有利なことは一つも逃すまいという本能的欲求にまかせているようであれば、その名にも、また指揮をとる行為にも値してこないのである。

●

〔原文〕

是故智者之慮必雑於利害。雑於利而務可信也。雑於害而患可解也。

〔一般的な日本語訳〕

智者は、必ず利益と損失の両面から物事を考える。すなわち、利益を考えるときには、損失の面も考慮にいれる。そうすれば、物事は順調に進展する。逆に、損失をこうむったときには、それによって受ける利益の面も考慮にいれる。そうすれば、無用な心配をしないですむ。

【アミオ訳】

将軍とは、その占めている高い地位からすれば、多数の人々の上に立っている者である。したがって、人を統率するすべを知っていなければならないのである。また彼らを導くことも必要とされる。さらには、その威厳においてのみではなく、その精神、知識、能力、行動、強健さ、勇気、美徳といったものにおいて、真に人々の上に立つ者でなければならない。本当の利益と偽りの利益を見分け、本当の損失と見せかけの損失を見極める術を知らなければならない。そして、損失は利益で、利益は損失で補正し、またあらゆることから利を引き出せなければならないのである。また、敵を欺くために、時宜にかなって術策を駆使し、自身は欺かれないよう、絶えず警戒しておくことだ。自らに対して仕掛けられることがあるどんな罠も蔑ろにしてはならない。敵の策略は、それがどんなに自然であろうとも、すべて察知しなければならない。しかし、そのために当て推量をしようとしてはいけない。自身の守りを固め、敵がやってくるのを観察し、彼らの進行や行動を偵察し、結論づけなければならないのだ。さもなくば、見誤って欺かれ、性急な憶測の悲しき犠牲者となる危険を冒すこととなるのである。

［解説］
利と害の関係について、一般的な日本語訳は「どんなものにも利と害の両面がある」と解釈するが、アミオ訳は「本当の利益と偽りの利益、本当の損失と見せかけの損失」ととらえている。

●［原文］
是故、屈諸侯者以害、役諸侯者以業、趨諸侯者以利。

［一般的な日本語訳］
それ故、敵国を屈服させるには損失を強要し、国力を消耗させるにはわざと事を起こして疲れさせ、味方にだきこむには利益で誘うのである。

［アミオ訳］
もしそなたが、多大なる作業と労力に苛まれたくないのであれば、起こりうる最も辛く、耐え難いあらゆる事態に常に備えておくことだ。また、絶え間なく敵に苦悩を与えるよう働きかけるのだ。その方法はいくつもあるが、ここではその要点についてふれておこう。

敵兵を引き込むために、彼にとって最も利となると思われるものを何一つ欠かしてはならない。提供物、贈り物、好意など、一つも落としてはならない。必要であれば欺くことがあってもよい。敵の名誉ある人物たちを、恥ずかしく、その名声に値しないような、そしてその行動が知られてしまえば赤面するような行動へと追いやるのである。もちろん、他の人々が知るように仕向けることも忘れてはならない。

敵の一番のならず者と秘密裏に関係をもち、彼を他のならず者と結託させることによって、自身の目的のために彼を利用するのだ。

政府をわたりあるき、そのトップのあいだに不和の種をまき、お互いに対する怒りの原因を提供し、彼らには将校に対する不満を言わせ、その上官に対して下級将校をけしかけるのだ。また、食糧や武器弾薬が不足するように仕向けたり、彼らのあいだに享楽的な音楽で心なごむ雰囲気を広がらせ、とことん堕落させるために女性を送り込んだりし、陣のなかで待機しなければならないときに外出するようにさせたり、戦場を固持しなければならないときに陣で静かにしているようにさせるのだ。そして彼らに偽の警告や偽の忠告を与えさせ続けるのである。また敵の周りの統治者たちを利害関係の中へ引き込むのである。これが、そなたが敵を巧妙な術策で陥れたい場合にすべきことの大体である。[★1]

★原注1：私は、著者の戦術や策術について、ここで非難するつもりはない。このような策略はそれ自体非道なものかもしれないが、よく統率された軍ならば、決して引っかかるようなものではないのだ。

[解説]

敵の諸侯への政治・外交的な謀略の記述という点では、一般的な日本語訳もアミオ訳も同じだが、アミオ訳の場合「害＝敵兵を引き込むこと、敵の高官の恥ずかしい振る舞いの暴露」「利＝敵の欲望を喚起するもの」と解釈している。

● **[原文]**

故用兵之法、無恃其不来、恃吾有以待也。無恃其不攻、恃吾有所不可攻也。

[一般的な日本語訳]

したがって、戦争においては、敵の来襲がないことに期待をかけるのではなく、敵に来襲を断念させるような、わが備えを頼《たの》みとするのである。敵の攻撃がないことに期待をかけるのではなく、敵に攻撃の隙を与えないような、わが守りを頼みとするのである。

[アミオ訳]

かつての将軍のなかで抜きんでた者たちは、賢く、用意周到で、大胆不敵かつ辛抱強く働いた。彼らはいつも刀を脇にかけ、常にあらゆる出来事に備えていた。もし敵に出くわしても、刀を交えるために援護を待つ必要はなかった。彼らが指揮をとる軍隊はよく訓練され、合図が出されればすぐに襲撃をかけられる姿勢を常に保っていた。戦争の後には家で読書や研究にはげみ、次に備えた。国境を守ることにも心を砕き、町々の防備を高めることにも手を抜かなかった。敵が迎え入れる準備を万端に整えているとわかっているときには、敵に真っ向から向かうようなことはせず、弱いところや、怠惰に休息しているときなどをねらって攻めたのである。

［解説］

「恃吾有以待也」の部分、一般的な日本語訳では、相手が襲撃をあきらめるような自軍の強大な軍事力や防衛力と解釈するが、アミオ訳ではいつでも臨戦態勢に入れる軍事力と解釈していて、若干ニュアンスが異なっている。

● **［原文］**

故将有五危。必死可殺也、必生可虜也、忿速可侮也、廉潔可辱也、愛民可煩也。凡此五者、将之過也、用兵之災也。覆軍殺将、必以五危。不可不察也。

【一般的な日本語訳】

将帥には、おちいりやすい五つの危険がある。

その一は、いたずらに必死になることである。これでは、討ち死にを遂げるのがおちだ。

その二は、なんとか助かろうとあがくことである。これでは、捕虜になるのがおちだ。

その三は、短気で怒りっぽいことである。これでは、みすみす敵の術中にはまってしまう。

その四は、清廉潔白である。これでは、敵の挑発に乗ってしまう。

その五は、民衆への思いやりを持ちすぎることである。これでは、神経がまいってしまう。

以上の五項目は、将帥のおちいりやすい危険であり、戦争遂行のさまたげとなるものだ。軍を壊滅させ、将帥を死に追いやるのは、必ずこの五つの危険である。十分に考慮しなければならない。

【アミオ訳】

この章を終える前に、一見恐れるに足りないように見えるため、かえって強く恐れる必

いても、一度ならず乗り上げてしまうような、致命的な暗礁となるのだ。

要のある五つの危険について前もって警告しておきたい。それは慎重さや勇敢さを持って

1　一つめは、死を恐れないようなあまりに強い意気込みである。それは、しばしば人が勇気や大胆不敵さ、才能という名のもとに敬意をはらうが、本来は臆病者としかいいようのない、向こう見ずな熱意なのである。一介の兵士のように必要もなく危険に身をさらし、まるで危険や死を求めているかのように戦い、また極限まで戦わせるような将軍は、死に値する人物である。それは分別のない者であり、難局を切り抜けるための方策をみつける術も知らない。また、些細な失敗にさえも耐えられず茫然自失とし、すべてが彼によい結果をもたらさなければ負けと信じ込むような臆病者である。

2　二つめは、自らの命を守るために必死になり過ぎることである。自らを軍に不可欠のものと思い込み、危険に身をさらさないように細心の注意を払う。このため、敵の食糧で自軍をまかなうようなことはあえてしないのだ。すべてが不安と恐怖を生み出し、常にどっちつかずの状態で、何も決定しない。更なる好機を待ってそこにあるチャンスを逃し、いかなる動きも見せないのだ。しかし敵は常にアンテナをはって、あらゆることを活かし、ほどなくこのように慎重な将軍から希望を失わせてしまう。敵にまわりを取り囲まれ、食糧を絶たれ、その命を守ることへの過度の執着によって逆に滅亡してしまうのである。

3　三つめは、短気な怒りである。自制することができず、自らを失ってしまい、憤り

や怒りといった原始的な衝動に身を任せてしまうような将軍は、敵の罠から逸することができないであろう。敵が挑発して、多くの罠をしかけてきたとしても、その怒りのせいで気づくことができず、かならずやはまってしまうのである。

4　四つめは、当を得ない名誉心である。将軍は時宜を得ず、また必要もなく気分を害したりすべきではなく、感情は隠すべきである。首尾よく行かなかったからといって落胆したり、過ちを犯したり、失敗したとしてもすべてを失ったと思い込んだりしてはならない。ちょっとした傷を受けた名誉を回復しようとするばかりに、まったくそれを取り返せなくなってしまうこともしばしばあるのだ。

5　そして五つめは、兵士に対する過度の心遣いと優しすぎる同情である。罰しようとしなかったり、不秩序に目をつぶったり、兵が労の重みに耐えられないのではないかと常に心配したり、そのせいでそれを兵に課そうとしないような将軍は、すべてを失うこととなろう。下級に属する者たちは、苦労を伴うものである。常に仕事を与えられるべきものであり、常に耐えしのぶ何かがあるものなのである。彼らから益のあることを引き出したいのであれば、無為に過ごさせるようなことがあってはならない。厳しすぎてはならないが、罰は厳格に与えなければならない。ある程度を超えてはならないが、仕事や労苦を与えるべきである。

将軍はこれらの危険に対して用心しなければならない。生きることや死ぬことに過度に執着せずに、意義をもって慎重に、状況が求めるものにしたがって自らを導かなければならない。憤るに値する正当な理由があれば、そうなることがあってもよいが、止まることを知らぬトラのようであってはならない。もし名誉が傷つけられ、それを回復したいと思うのであれば、分別に則するべきであって、ひどい羞恥心のままに行動すべきではない。兵を愛し、いたわるにしても、思慮をもってしなければならない。戦いを始めたり、野営で動きを起こしたり、町々を攻囲したり、遠征をしたりするのであれば、勇猛心に術策を、武力に思慮分別を加えなければならない。不運にも失敗を犯してしまったときには、冷静にそれを回復し、敵の失敗は残らず利用して、新たな失敗を招くような状況に頻繁に陥れるのである。

[解説]

原文に対して、アミオの訳文は、彼なりの解釈がかなりの量、挿入されているが、内容の方向性自体は一般的な日本語訳と大差はない。

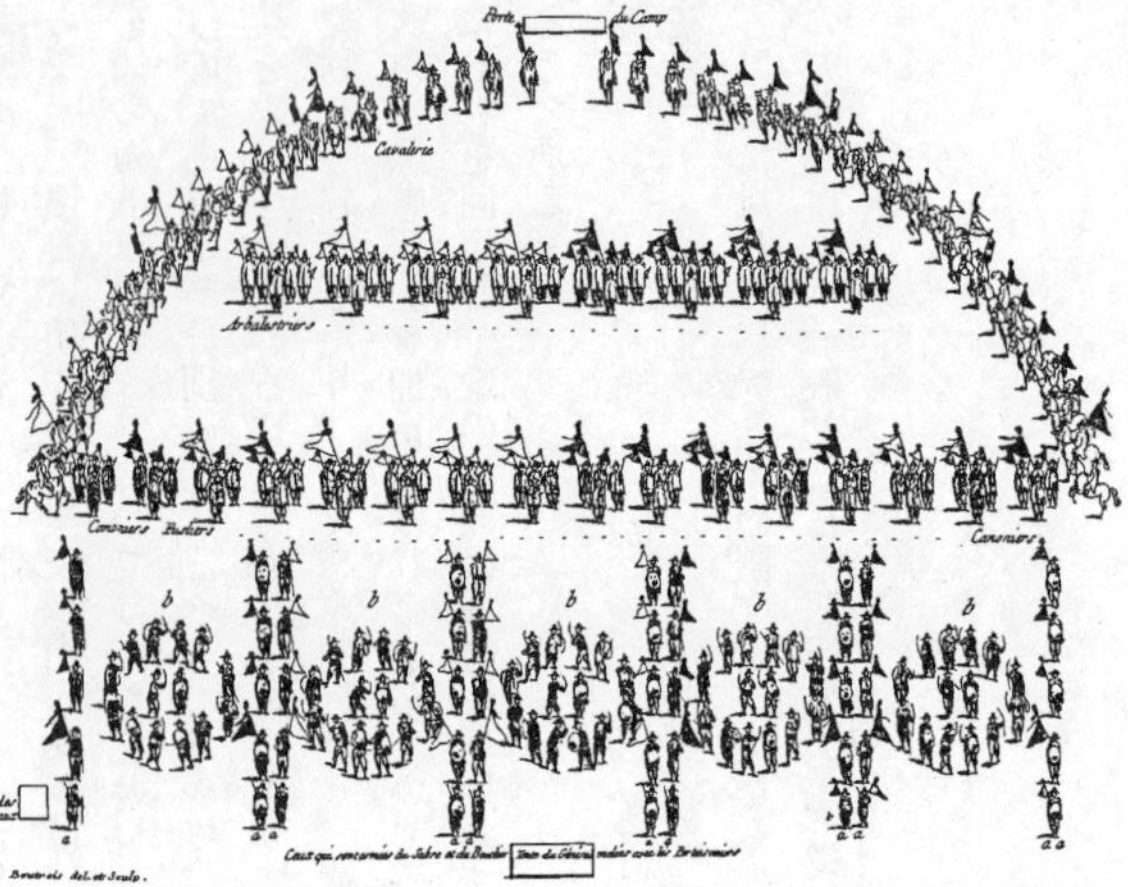
Porte du Camp
Cavalerie
Arbalestriers
Canoniers Fusiliers
Canoniers
b
a

第9章　軍がとるべき行動（行軍）

★原注：注釈者は、孫子がこの章を九つの変化のすぐ後ろに置いたのは、この章をその続き、もしくは補足や説明として扱っているためとしている。また、孫子は状況に応じて行動を決定する際によりどころとするこの戦術を、軍における振る舞いを知っていることとしていると、注釈者は付け加えている。そのためには、地形を把握してそれを利用することができ、その正しい利点を知って、敵のたくらみに通じることが必要であるとしている。

●［原文］

孫子曰、凡処軍相敵、絶山依谷、視生処高、戦隆無登。此処山之軍也。絶水必遠水、客絶水而来、勿迎之於水内、令半済而撃之利。欲戦者、無附於水而迎客。視生処高、無迎水流。此処水上之軍也。絶斥沢、惟亟去無留。若交軍於斥沢之中、必依水草、而背衆樹。此処斥沢之軍也。平陸処易、而右背高、前死後生。此処平陸之軍也。凡此四軍之利、黄帝之所以勝四帝也。

［一般的な日本語訳］

次に、地形に応じた戦法と敵情の観察法について述べよう。

まず、地形に応じた戦法であるが、

一、山岳地帯で戦う場合――

山地を行軍するときは谷沿いに進み、視界の開けた高所に布陣する。敵が高所に布陣している場合は、こちらから攻め寄せてはならない。

二、河川地帯で戦う場合――

河を渡るときは、渡りおえたら、すみやかに河岸から遠ざかる。敵が河を渡って攻め寄せてきたときは、水中で迎え撃ってはならない。半数が渡りおえたところで攻撃をかけるのが、効果的である。ただし、あまり河岸に接近してはならない。また、岸に布陣するときは、視界の開けた高所を選ぶ。河下《かわしも》に布陣して河上の敵と戦ってはならない。

三、湿地帯で戦う場合――

湿地帯を移動するときは、すみやかに通過すべきである。やむなく湿地帯で戦うときは、水と茂みを占拠し、木々を背にして戦わなければならない。

四、平地で戦う場合――

背後に高地をひかえ、前面に低地がひろがる平坦な地に布陣する。

以上が、地形に応じた有利な戦法である。むかし、黄帝が天下を統一できたのは、この戦法を採用したからにほかならない。

［アミオ訳］

孫子は言った、

軍の野営を張る前に、敵がどのような位置にいるのかを知る必要がある。そして、地形に通じ、最も自分たちに有利となる場所を選ぶのだ。このときさまざまな状況が考えられるが、四つの基本的な点にまとめることができる。

1　もしそなたが山岳に近いところにいるのであれば、北側を占領することは避け、逆に南側に陣をとるべきである。このことによる利点が導く結果は小さくない。山の斜面から谷のちょうど手前までを安全に占領するのだ。そこには水と飼い葉が豊富にあり、また陽が見えることによって気持ちも晴れ上がり、その陽光によって体が暖められもする。そこで吸うことのできる空気は、反対側の空気に比べ、ことに体によいものである。もし敵が奇襲をかけようと山の裏側から来るのであれば、彼らに対抗する状態にないと判断した場合、頂上に配置した兵に従って、ゆっくりと撤退すればよい。大きなリスクもなく、敵を征服できると判断したのであれば、迎え撃つために毅然として待つがよい。しかしながら、必要に迫られたのでなければ、高所で戦うことは避けなければならない。ことに、高所の敵を追うことは決してしてはならない。

2もしそなたが川に近いところにいるのであれば、できるかぎりその源に近づくがよい。また、水底の深いところ、歩いて渡れる浅瀬の場所を頭に入れるのだ。もし川を渡る必要があっても、決して敵を前にして渡ってはならない。しかし、もし敵がそなたより果敢に、もしくは慎重さを欠いて、あえて川を渡ってきたら、兵の半分が反対側に渡りきるまでは決して攻撃してはならない。こうすればそなたは二対一という優勢で戦いを進めることができるのだ。川の近くでもつねに高所に陣をとり、遠方まで視界に入るようにしなければならない。また、川のへりで敵を待つことも、自ら先んじて敵に向かうこともしてはならない。奇襲をかけられて、不運にも逃げ場がないというようなことがないように、常に守りをかためておくのだ。

3　もしそなたが滑りやすくじめじめした、危険な湿地にいるのであれば、できるだけ迅速にそこから抜け出さなければならない。大きな不都合にさらされることなく、そこにとどまることは不可能である。食糧は途切れ、ほどなく病に取り囲まれることになろう。もしそこにとどまることを余儀なくされるのであれば、湿地の端の方に陣を構えるのだ。あまり前に進みすぎてはならない。もし林があれば、それを背にするべきである。

4　もしそなたが平坦で乾燥した場所の真ん中にいるのであれば、常にそなたの左側を空けた状態にするのだ。そなたの兵が遠くまで見晴らせるように、そなたの後方は高みになるように布陣する。また、陣の前方が不毛の地であれば、緊急のときには後方から支援を得られるようにしておかなければならない。

これらが陣営を築くにあたって優位となる方法である。この優位はとても貴重なもので、軍事的成功の大部分がかかってくることとなる。軒轅《けんえん》帝が敵に勝利し、近隣の君主たちをその支配下においたのは、とりわけ彼がこの戦術を身につけていたからである。[★1]

★原注1：軒轅とは中国王朝（l'Empire）を築いた人物である、黄帝が呼ばれていた名のひとつである。政府が、文明化した人民たちのなかにみられるような形態をとり始めたのは、少なくとも彼の治世からである。黄帝は偉大な君主としての性質をすべて持ち合わせていた。彼は熟練した政治家であり、偉大なる軍人であった。非常に優れていたとされる戦術に関する教えがあったとされるが、それに関するものは何ら残されていない。中国の歴史家によると、彼は涿鹿《たくろく》（Tchouo-lou）（今日はTchouo-tcheouと呼ばれ、北京からそう遠くない、百二十中国里、すなわち十二リューのところにある）で、蚩尤《しゆう》という辺境の王を制圧した。黄帝もしくは軒轅が戦術についての規則を作り上げることに心血を注いだのはこの遠征の後である。それ以降、中国には世界で最初の国家となるに欠けるものは何ひとつなかった。人民は忠実で、誠実で、礼儀正しく、文官たちは正直さと公正さを備え、軍人たちは慎重でかつ勇敢、大胆不敵であった。病がはやることはまれであり、また治療の技術を持っていたため、病が長く続くことはなかった。

［解説］

四番目の、平地で戦う場合、原文の「右背高」を一般的な日本語訳では「背後に高地をひかえ」と訳しているが、他に「高地を右の背にする」とするのも有力な解釈としてある。アミオ訳は「常にそなたの左側を空けた状態にするのだ」と意訳している。なぜ左側の方を空けるかについては、「人間は右利きの場合、左側の方が弓や弩を撃ちやすく有利だから」とする説などがある。ただしこの場合、相手も同じ条件になるので、彼我で条件は変らなくなってしまう。敵と戦う方向を常に同じに揃えておいた方が、自軍の訓練や敵への対処がしやすいから、といった理由の方が理路としては通りやすいかもしれない。

●

［原文］

凡軍好高而悪下、貴陽而賤陰。養生而処実、軍無百疾。是謂必勝。丘陵堤防、必処其陽而右背之。此兵之利、地之助也。上雨水沫至、欲渉者、待其定也。

［一般的な日本語訳］

軍を布陣させるには、低地を避けて高地を選ばなければならない。また、湿った日陰より日当たりのよい場所を選ばなければならない。そうすれば、兵士の健康管理に有利であり、疾病の発生を防ぐことができる。これが必勝の条件である。

丘陵や堤防に布陣する場合は、必ずその東南の地を選ばなければならない。そうすれば、地の利を得て、作戦を有利に展開することができる。渡河するときに、もし上流に雨が降って水嵩《みずかさ》が増していたら、水勢がおちつくまで待たなければならない。

[アミオ訳]

これまで述べたことを結論づけるなら、高所は低所や深いところよりも、概して軍にとっては有益となるといえる。というのは、じめじめした低所では避けることができない病から身を守ってくれる、澄んで健康的な空気は、普通高いところにあるものであるからだ。高所においてもまた、選ばなければならないのは、常に南側に陣を置くことだ。そこは肥沃な土地なのである。このような自然条件のところに布陣することが、勝利の牽引となるものである。澄んだ空の元でとれるよい食物によってもたらされる喜びと健康が、兵士に勇気と力を与えてくれるのだ。一方、悲しみや不満、そして病は、兵士を疲弊させ、いらいらを起こし、さらには臆病とさせ、気力を失わせるのである。

また、さらに結論としていえることは、川の近くに陣を構えることには、蔑ろにすべきではない有利な点と、最大の注意を払って避けるべき不利な点があることである。これは何度繰り返し言っても繰り返し過ぎることはない。川の上流に陣を張り、流れの方に敵がくるようにしなければならない。浅瀬は源に近いほうが多いばかりではなく、その水はより澄んで健康的であるのだ。

そなたがそばに陣を張っている川が、雨で流れが急になり水嵩が増すことがあれば、動くのは少し待ったほうがよい。特に、川の反対側にあえて渡るようなことはしてはならない。川が普段の静かさを取り戻すまで待たなければならない。せせらぎよりざわざわとした、ある種のこもった音が聞こえなくなり、表面に浮かぶ泡が見えなくなり、土や砂が水といっしょに流れなくなったら、川が落ち着いた確実な証拠となる。

【解説】

陰陽はもともと「日かげ／日なた」が原義であり、そこから「陰＝山の北側、川の南側」「陽＝山の南側、川の北側」といった意味も派生した。中国の地名に「陰」「陽」がつく場合この原則が適用される。ここでは「陽＝山の南側」としてアミオ訳は解釈している。

●【原文】

凡地有絶澗、天井、天牢、天羅、天陥、天隙、必亟去之、勿近也。吾遠之、敵近之。吾迎之、敵背之。軍行有険阻、潢井、葭葦、山林、蘙薈者、必謹覆索之。此伏姦之所処也。敵近而静者、恃其険也。遠而挑戦者、欲人之進也。其所居易者、利也。

〔一般的な日本語訳〕

次の地形からは速やかに立ち去り、けっして近づいてはならぬ。

「絶澗《ぜつかん》」——絶壁のきり立つ谷間

「天井《てんせい》」——深く落ちこんだ窪地

「天牢《てんろう》」——三方が険阻で、脱出困難な所

「天羅《てんら》」——草木が密生し、行動困難な所

「天陥《てんかん》」——湿潤の低地で、通行困難な所

「天隙《てんげき》」——山間部のでこぼこした所

このような所を発見したら、こちらからは近づかず、敵のほうから近づくようにしむける。つまり、ここに向かって敵を追いこむのである。

行軍中に、険阻な地形、池や窪地、あしやよしの原、森林、草むらなどを見たら、必ず入念に探索しなければならない。なぜなら、そのような所には、敵の伏兵がひそんでいるからである。

敵が味方の側近く接近しながら静まりかえっているのは、険阻な地形を頼みにしているのである。

敵が遠方に布陣しながらしきりに挑発してくるのは、こちらを誘い出そうとしているのである。

敵が険阻な地形を捨てて平坦な地に布陣しているのは、そこになんらかの利点を見出しているのである。

［アミオ訳］

山間の狭路、断崖や岩肌でとぎれとぎれとなっている場所、湿っていてすべりやすい場所、狭く、覆われたような場所、このような場所に必要から、もしくは偶然に入り込んでしまったときは、できる限り速く切り抜け、遠ざかるようにしなければならない。もしそなたが遠ざかれば、敵はそこへ近づくかもしれない。もしそなたが逃げれば、敵は追ってきて、場合によってはそなたが避けたその危険な場所へ入り込むこともあろう。

さらに特に気をつけなければならない種類の土地がある。それは茂みや小さな林で覆われた場所である。こういった場所は高所と低所が多くあり、常に丘の上か小さな谷の底にいることになる。警戒し、絶え間なく注意を払っていなければならないこととなる。このような場所は待ち伏せに好適であるからだ。いつでも敵は飛び出し、そなたを驚かせ、襲い掛かって滅多切りにすることができる。遠くにいるのならば近寄ってはならないし、近づいてしまったのなら、状況を偵察せずに動きを起こしてはならない。もしそこで敵がそなたに攻撃をしかけてきたなら、敵側にその土地のデメリットをすべて負わせるよう仕向けるのだ。そなたの方は、敵が隠れる所がなく、完全に露わになるまでは攻撃してはならない。結局のところ、そなたの野営の場所がよかろうが悪かろうが、それを利用しなければならない。決して無為に過ごしてはならず、何かしらの試みをしていかなければならない。敵の足取りはすべて明らかにし、敵陣の中まで、敵の将軍のテントまでの間、間隔を置いて密偵を配置すべきである。上がってくる情報はすべて蔑ろにしてはならず、あらゆることに注意を払わなければならない。

［解説］

一般的な日本語訳では、「凡地有絶澗、天井、天牢、天羅、天陥、天隙、必亟去之、勿近也。吾遠之、敵近之。吾迎之、敵背之」を一つの段落と考え、残りの部分は敵の内実を知るための兆候例として別に扱っている（後の段落と合わせて三十四の兆候例が示されていると解釈するのが一般的）。一方、アミオはここまでを一つのブロックと考え、近づいてはならない地形の対処法として扱っている。

●

【原文】

衆樹動者、来也。衆草多障者、疑也。鳥起者、伏也。獣駭者、覆也。塵高而鋭者、車来也。卑而広者、徒来也。散而条達者、樵採也。少而往来者、営軍也。

【一般的な日本語訳】

木々が揺れ動いているのは、敵が進攻してきたしるしである。
草むらに仕掛けがあるのは、こちらの動きを牽制しようとしているのである。
鳥が飛び立つのは、伏兵がいる証拠である。
獣が驚いて走り出るのは、奇襲部隊が来襲してくるのである。
土埃《つちぼこり》が高くまっすぐに舞い上がるのは、戦車が進攻してくるのである。
土埃が低く一面に舞い上がるのは、歩兵部隊が進攻してくるのである。
土埃がそちこちで細いすじのように舞い上がるのは、敵兵が薪《たきぎ》をとっているのである。
土埃がかすかに移動しながら舞い上がるのは、敵が宿営の準備をしているのである。

【アミオ訳】

もしそなたが偵察に送った兵が、気候は穏やかであるのに、木々が動いていると言っているのであれば、敵が進んでいると考えよ。敵がそなたを攻めに来ようとしているのかもしれない。すべてを配置して、用意周到に待つのである。場合によっては、迎え討ちに行ってもよい。もし地が草で覆われ、その草の背丈が高いということであれば、絶えず警戒しなければならない。何か仕掛けがあるのではないかと、注意するのだ。もし、複数の鳥が群れとなって止まることなく飛び立つのが見られるということであれば、警戒心を強めよ。敵が偵察をよこしている、もしくは罠を仕掛けているのである。鳥に加えて、たくさんの動物たちが、まるで家を失ったかのように野をかけるのが見えたならば、それは敵軍が待ち伏せをしているということである。遠くに埃の渦が空気中に巻き上がっているのが確認されるということであれば、敵軍が進攻してきているということである。埃が低く、濃く立ち込めているのであれば、歩兵が進んでいる。さほど濃くはなく、高く上がっているのであれば、騎兵隊と戦車である。もし敵が分散しており、小隊単位でしか進んでいないということであれば、それは敵がいくつか森を横切らなければならなかったため、木々を切り倒し、疲れているということである。それは彼らが集合しようとしているといえる。もし歩兵と騎兵があちこちに小隊で分散し、行ったり来たりしているのが見えるという報告を受けたなら、それは敵が野営を整えた証拠である。

［原文］

辞卑而益備者、進也。辞彊而進駆者、退也。軽車先出居其側者、陣也。無約而請和者、謀也。奔走而陳兵車者、期也。半進半退者、誘也。

［一般的な日本語訳］

敵の軍使がへりくだった口上を述べながら、一方で、着々と守りを固めているのは、じつは進攻の準備にかかっているのである。

逆に、軍使の口上が強気一点張りで、いまにも進攻の構えを見せるのは、じつは退却の準備にかかっているのである。

戦車が前面に出てきて両翼を固めているのは、陣地の構築にかかっているのである。

対陣中、突如として講和を申し入れてくるのは、なんらかの計略があってのことである。

敵陣の動きが慌ただしく、しきりに戦車を連ねているのは、決戦を期しているのである。

敵が進んでは退き、退いては進むのは、こちらを誘い出そうとしているのである。

［アミオ訳］

このようなことが、そなたが戦わなければならない敵の位置を知るためだけでなく、彼らの企てを挫き、奇襲をあばくためにも、利用しなければならない一般的な指標である。次に、もっと特別な注意が必要な場合について述べる。

敵陣の近くにいるそなたの偵察が、敵が小声で不可解な方法で話しており、行動も慎ましく、会話においても控え目であると報告を寄せたら、全軍あげての戦いを考えていて、すでにその用意ができているものと考えるべきである。一秒も遅れずに敵に襲い掛かるのだ。敵はそなたの不意をつこうとしているのであるから、逆にそなたの方から先手を打たなければならない。反対に、敵が騒がしく、会話においても自信にあふれ傲慢であれば、彼らは撤退を考えており、戦いを望んでいないのは明らかである。たくさんの空の戦車が軍の前方に配備されているのが目撃されたと報告[★1]があれば、戦いの準備を整えよ。というのも、敵は戦闘隊形でそなたに向かっているのである。敵がそなたに和平や同盟の提案をしてきても聞かないよう気をつけなければならない。それは、彼らの策略でしかない。もし彼らが強行軍となっていたら、それは彼らが勝利に向かっていると信じているということである。もし彼らが行ったり来たり、進んだり戻ったりしているのであれば、それはそなたを戦いにひきずりこもうとしているのである。

★原注1：中国の軍が戦いで前進するときは、荷車や荷馬車、戦車を敵の前方に送る。これは獲物となる餌で敵をだまそうというのと、あらゆる奇襲に対する盾のようなものとするためである。これらの戦車が襲撃されてしまったら、軍の本隊にそのことを知らせるために誰かを派遣するのである。

［解説］

冒頭部分、一般的な日本語訳では敵の使節の言動とする。一方、アミオ訳では、二段落前の最後に「敵陣の中まで、敵の将軍のテントまでの間、間隔を置いて密偵を配置すべきである」とあり、これを前提として、敵軍の近くに迫った（ないしは、おそらく内部に侵入した）偵察兵からの情報と解釈する。

また野営をする場合、古代においては戦車を軍隊の周囲に柵のように巡らせたといわれ、「軽車先出居其側者」を一般的な日本語訳では築営の準備と解釈する。一方、アミオは「陣」をおそらく戦闘の陣形を作ることと解釈し、戦闘準備のこととして訳している。

●

［原文］

杖而立者、飢也。汲而先飲者、渇也。見利而不進者、労也。鳥集者、虚也。夜呼者、恐也。軍擾者、将不重也。旌旗動者、乱也。吏怒者、倦也。殺馬肉食者、軍無糧也。懸缻、不返其舎者、窮寇也。諄諄翕翕、徐与人言者、失衆也。

［一般的な日本語訳］

敵兵が杖にすがって歩いているのは、食糧不足におちいっているのである。

水汲みに出て、本人がまっさきに水を飲むのは、水不足におちいっているのである。

有利なことがわかっているのに進攻しようとしないのは、疲労しているのである。

敵陣の上に鳥が群がっているのは、すでに軍をひきはらっているのである。

夜、大声で呼びかわすのは、恐怖にかられているのである。

軍に統制を欠いているのは、将軍が無能で威令が行われていないからである。

旗指物が揺れ動いているのは、将兵に動揺が起こっているのである。

軍幹部がむやみに部下をどなりちらすのは、戦いに疲れているのである。

馬を殺して食らうのは、兵糧が底をついているのである。

将兵が炊事道具をとりかたづけて兵営の外にたむろしているのは、追いつめられて最後の決戦を挑《いど》もうとしているのである。

将軍がぼそぼそと小声で部下に語りかけるのは、部下の信頼を失っているのである。

［アミオ訳］

もし敵兵が、ほとんどの時間を何もせず、杖のように武器を支えに立っているのであれば、それは彼らがもうその場しのぎでしかなく、空腹で死にそうであり、生きるためのものを手に入れたいと考えているということである。川の近くを通ったときに、列を乱して兵がみな自らの喉の渇きをいやすために走るのであれば、水不足に苦しんでいるということである。彼らにとって有益なことが目の前に見えているのに、気づかない、もしくはそれを利用しようとしないのは、警戒しているか恐れているのである。前に進まなければならない状況にあるのに、それをする気力がないのは、彼らが窮地にあるのであり、不安で心配であるのだ。

上にあげたことに加えて、さまざまな野営の状態について知るよう努めなければならない。ある場所に群れる鳥によって、それを知ることもできる。野営がしばしば変わるのは、土地にかんする知識が貧困であると考えられる。鳥は、敵のしかけた罠や、そなたの陣を偵察にきた敵を発見するのに役立てることができる。もっぱら鳥の鳴き声に注意しなければならない。[★1]

★原注1：ここで著者は、野にいる鳥について言っているのか、もしくはわれわれが犬を使うように、見張りとして使われている飼い鳥についてだけ言っているのか明確にしていない。注釈者によると、偵察のなかには、敵のほうからやってくる鳥の動き、飛び方、さえずりなどを観察することだけを仕事として与えられた者もいたという。

敵の陣において毎日のように饗宴が開かれ、人々が騒々しく飲んだり食べたりしているようであれば、安心してよい。それは、彼らの将軍に権威がないことの確かな証拠である。

もし敵の旗がしばしば場所が変わるようであれば、それは、彼らが何を決定していいのかわからず、無秩序が彼らを支配している証拠である。もし敵の下級将校が不安げで、また不満そうであり、ささいなことでいきり立つようであれば、それは、彼らが無用な疲れを背負って苦悩し、疲弊しきっている証拠である。陣のさまざまなところで、馬をひそかに殺し、その肉を食べることがまかりとおっているのであれば★2、彼らの食糧が底をついている証拠である。

★原注2：大昔から、中国では、その肉を食べるために馬や牛を殺すことは禁じられていた。この動物たちが年や、病気で死んだとしても、彼らは喜んで食べたのであるから、その理由は肉がまずいと考えていたからではなく、政治的理由からである。どんな理由があろうとも、戦時下にいかなる駄獣も食べることは許されていなかった。

これが敵がとりうるすべての行動に対して注意すべき点である。大部分がそなたには無駄に思えるような細かいことのさらに詳細までふれたが、私の意図は、そなたをあらゆることにそなえさせること、またそなたを勝利に導きうるどんなことも、ささいなこととはいえないと納得させることにあるのだ。私は経験からそれを習得したが、そなたも経験からそれを習得することであろう。そなたがそれを苦い経験から習得することにならないよう願う。もう一度言うが、それがどんなものであろうと、敵の行動はすべて明らかにし、一方自分の軍についても目を光らせておくことだ。あらゆることに目を向け、すべてを察知する。盗みや強奪、酒色におぼれること、不平や陰謀、怠惰や無為は防がなければならない。まわりに教えられることなく、兵のなかからこのような状態にある者を探すことができる。その方法を次に述べよう。

もし兵士のなかに、持ち場や宿営地をかわるときに、どんなに価値の少ないものでも、何かを放ったらかしにしてそれを回収する労力を惜しむ者がいたら、また、最初の場所に何か道具を忘れても、それを要求しない者がいたら、それは盗人であるから、そのような者として罰せよ。★3

★原注3：中国における泥棒の扱いは、ヨーロッパとは違う。たとえばフランスでは、絞首刑もしくは漕船刑に処されるが、中国では棒で数回叩かれるだけですむ。

もし軍のなかで密談がなされていたり、耳打ちや、低い声でしゃべることがしばしば見られたり、ほのめかしでしか言わないような事柄が見受けられれば、恐れが兵の間に忍び寄っており、それが不満を引き寄せ、時を待たず陰謀が企てられることとなろう。急いで秩序を立て直さなければならない。

［解説］

一般的な日本語訳では、ここの部分はすべて「敵の内実を知るための兆候例」の一部として扱う。一方アミオは、「馬を殺して食べる」までが「敵の内実を知るための兆候例」

で、以後の部分は「味方の内実を知るための兆候例」として扱い、この流れは次の段落にも引き継がれる。

また、アミオ訳の注にある「注釈者によると、偵察のなかには、敵のほうからやってくる鳥の動き、飛び方、さえずりなどを観察することだけを仕事として与えられた者もいたという」といった説明は「十一家孫子注」には存在しない。満州語の注、ないしは当時の漢文での何らかの別の注釈書にあったものかもしれない。

●

〔原文〕

数賞者、窘也。数罰者、困也。先暴而後畏其衆者、不精之至也。来委謝者、欲休息也。兵怒而相迎、久而不合、又不相去、必謹察之。

〔一般的な日本語訳〕

将軍がやたらに賞状や賞金を乱発するのは、行き詰まっている証拠である。

逆に、しきりに罰を科すのも、行き詰まっているしるしである。

また、部下をどなりちらしておいて、あとで離反を気づかうのは、みずからの不明をさらけ出しているのである。

敵がわざわざ軍使を派遣して挨拶してくるのは、休養を欲して時間かせぎをしているのである。

敵軍がたけりたって攻め寄せてきながら、いざ迎え撃つと戦おうとせず、さればといって引きあげもしないのは、なにか計略あってのことである。そんなときは、慎重に敵の意図を探らなければならない。

[アミオ訳]

もし兵が貧しく、些細な日用必需品にも事欠くようであれば、普段の俸給に加え、いくらかの金を給付するがよい。しかし、気前よくあげ過ぎてはならない。金が豊富にあることは、しばしばよいことよりも不幸をもたらし、有益どころか有害となるのである。金の濫用は精神の腐敗の源であり、悪行の母であるのだ。

もしかつては果敢であったそなたの兵が、臆病で精彩を欠くようになったら、また、彼らのなかで弱さが強さにとってかわり、下劣さが寛大さにとってかわるようであれば、心が病んでしまったことは確かであるので、彼らの堕落の理由を探し、それを根元から断ち切るのだ。

もし色々な理由をつけて、休暇を求める者たちがいれば、それは彼らが戦いたくないということである。その求めをすべて拒んだりしてはならない。しかし、それを幾人にも許可するのであれば、あまり公然とすべきでない。

もし兵たちが集まってそなたに反抗的かつ憤った調子で裁きを求めてきたら、その言い分を聞き、それらを熟慮しなければならない。一方に償いを与えたら、他方は非常に厳しく罰しなければならない。

もしそなたが誰かを呼び寄せたときに、その者が迅速に従わず、そなたの命令に従うまでに長い時間を要したら、また、そなたが、その者に自らの意向を示し終えたのに退席しようとしなければ、警戒を強め、注意しなければならない。

一言でいえば、兵たちの行動に、将軍は絶え間ない注意を払っていなければならないのだ。敵軍を見張るとともに、そなたの軍についても目を光らせているべきなのだ。敵の数が増える時を知り、また、そなたの兵士の死や脱走についての細かい数字までも知っておく必要がある。

[解説]

前段で触れたように、アミオ訳ではここはすべて「味方の内実を知るための兆候例」として解釈している。

● 【原文】

兵非益多也。惟無武進、足以併力料敵、取人而已。夫惟無慮而易敵者、必擒於人。卒未親附而罰之、則不服。不服則難用也。卒已親附而罰不行、則不可用也。故令之以文、斉之以武。是謂必取。令素行以教其民、則民服。令不素行以教其民、則民不服。令素行者、与衆相得也。

【一般的な日本語訳】

兵士の数が多ければ、それでよいというものではない。やたら猛進することを避け、戦力を集中しながら敵情の把握につとめてこそはじめて勝利を収めることができるのである。逆に深謀遠慮を欠き、敵を軽視するならば、敵にしてやられるのがおちだ。

兵士が十分なついていないのに、罰則ばかり適用したのでは、心服しない。心服しない者は使いにくい。逆に、すっかりなついているからといって、過失があっても罰しないなら、これまた使いこなせない。

したがって、兵士に対しては、温情をもって教育するとともに、軍律をもって統制をはからなければならない。ふだんから軍律の徹底をはかっていれば、兵士はよろこんで命令に従う。逆に、ふだんから軍律の徹底を欠いていれば、兵士は命令に従おうとしない。

つまり、ふだんから軍律の徹底に努めてこそ、兵士の信頼をかちとることができるのだ。

[アミオ訳]

もし敵軍がそなたの軍より劣っており、そのためにそなたと戦おうとしないのであれば、遅れることなく攻めにかからなければならない。敵に軍を強化する時間を与えてはならない。このような場合は、一度の戦いで決定的な結果が得られる。しかし、もし敵の実際の状況を知らずに、すべてに準備を整えていないまま、敵を戦いに引き入れようと執拗に攻めるようなことをしようものなら、敵の罠にはまり、打ち負かされて、手もなく破滅するという危険を冒すこととなる。軍においては厳密な規律を保ち、どんな些細な失敗も厳密に罰するということをしなければ、そなたはいずれ敬意を払われなくなり、権威も失墜する。そのようななかで懲罰を与えても、失敗を減らすどころか、懲罰対象の人数を増やすばかりである。それで、そなたが恐れられることも尊敬されることもなく、リスクなしに利用することができない弱い権力しかもたないのであれば、どうやって栄誉ある軍の頭となれよう？　どうやって国家の敵と対峙できよう？

罰すべきことがあるときは、その罪に応じて適時に罰すべきである。命ずべきことがあるときは、必ず従わせることができると確信がなければ命じてはならない。軍の訓練をするときは、理にかなった訓練をしなければならない。兵を苦しませたり、無用に疲弊させたりしてはならない。彼らが善良となるか悪となるか、上手くやるか下手をうつかは、すべてそなたの手中にあるのである。同じ人間で構成された軍であっても、指揮をする将軍によって、取るに足らないものにも、無敵の軍にもなりうるのである。

[解説]

原文の冒頭部分を、句読点をとった完全な白文にすると、以下のようになる。

「兵非益多也惟無武進足以併力料敵取人而已」

一般的な日本語訳では、これを次のように区切って訳している。

「兵非益多也。惟無武進、足以併力料敵、取人而已」

訳文と対比させると、以下のようになる。

・兵非益多也――兵士の数が多ければ、それでよいというものではない。

・惟無武進、足以併力料敵、取人而已――やたら猛進することを避け、戦力を集中しながら敵情の把握につとめてこそはじめて勝利を収めることができるのである。

一方、アミオ訳では、すべてを一文としてとらえて、次のように解釈している。

・兵非益多也――敵軍がこちらより劣っている。

・惟無武進――そのためこちらと戦おうとしない。

・足以併力料敵取人而已――それならば、こちらから遅れることなく攻めにかかるべきだ。

第10章

地形を知ること（地形）

★原注：注釈者は、この章は、前章と関連付けて考えねばならないとしている。その理由は、もし軍を導く者が、自国の領地と同様に、国境を越えた場所、さらには敵軍の地までにも至る土地の深い知識を持ち合わせていないのであれば、優位に行軍を行うことはできないからであるとしている。であるなら、この地形の知識に関する章は行軍に関する章の前に置くべきであったと思われる。少なくとも、同じことがそこでは繰り返されているのであるから、二つを一つの章にすることもできたはずである。同じ原理、同じ論理、同じ言葉を幾度も繰り返すのが、中国の書き手の一般的な欠点である。

●【原文】

孫子曰、地形、有通者、有挂者、有支者、有隘者、有険者、有遠者。我可以往、彼可以来、曰通。通形者、先居高陽、利糧道以戦則利。可以往、難以返、曰挂。挂形者、敵無備、出而勝之、敵若有備、出而不勝、難以返、不利。我出而不利、彼出而不利、曰支。支形者、敵雖利我、我無出也。引而去之、令敵半出而撃之利。隘形者、我先居之、必盈之以待敵。

若敵先居之、盈而勿従。不盈而従之。険形者、我先居之、必居高陽以待敵。若敵先居之、引而去之勿従也。遠形者、勢均難以挑戦、戦而不利。凡此六者、地之道也。将之至任、不可不察也。故兵有走者、有弛者、有陥者、有崩者、有乱者、有北者。凡此六者、非天之災、将之過也。

【一般的な日本語訳】

地形を大別すると、「通《つう》」「挂《かい》」「支《し》」「隘《あい》」「険《けん》」「遠《えん》」の六種類がある。

「通」とは、味方からも、敵からもともに進攻することのできる四方に通じている地形をいう。ここでは、先に南向きの高地を占拠し、補給線を確保すれば、有利に戦うことができる。

「挂」とは、進攻するのは容易であるが、撤退するのが困難な地形をいう。ここでは、敵が守りを固めていないときに出撃すれば勝利を収めることができるが、守りを固めていれば、出撃しても勝利は望めず、しかも撤退困難なので、苦戦を免れない。

「支」とは、味方にとっても敵にとっても、進攻すれば不利になる地形をいう。ここでは、敵の誘いに乗って出撃してはならない。いったん退却し、敵を誘い出してから反撃すれば、有利に戦うことができる。

「隘」すなわち入口のくびれた地形では、こちらが占拠したなら、入口を固めて敵を迎え撃てばよい。もし敵が占拠して入口を固めていたら、相手にしてはならない。敵に先をこされても、入口を固めていなかったら、攻撃をかけることだ。

「険」すなわち険阻な地形では、こちらが占拠したら、必ず南向きの高地に布陣して、敵を待つことだ。敵に先をこされたら、進攻を中止して撤退したほうがよい。

「遠」すなわち本国から遠く離れた所では、彼我の勢力が均衡している場合、戦いをしかけてはならない。ここでは、戦っても不利な戦いを余儀なくされる。

以上の六項目は、地形に応じた戦い方の原則であり、その選択は将たるものの重要な任務である。慎重に熟慮しなければならない。

軍は、「走《そう》」「弛《し》」「陥《かん》」「崩《ほう》」「乱《らん》」「北《ほく》」の状態に置かれたとき、敗戦を招く。この六つは、いずれも不可抗力によるものではなく、あきらかに将たる者の過失によって生じる。

［アミオ訳］

孫子は言った、

この地上において、土地というものはすべて同じではない。逃げるべき場所もあれば、獲得の目的とすべき場所もある。あらゆる土地について精通していなければならない。

狭い場所や、隘路ばかりの場所、障害が多く、断崖や岩で断絶された場所、遠く離れた、もしくは近づくのが困難な場所、必要とする救援が得られやすい、より広い地点へと自由に行き来できない場所など、が前者にあたる場所である。そなたの軍をこれらの場所に折悪しく進入させないように、これらの場所についてしっかりと把握する必要がある。

反対に、そなたが知りつくしたいくつもの道を通って行き来することができ、食糧が豊富で、水にも事欠かず、空気は健康的、土地が十分に平坦で、敵の急襲から身を守るのに十分な高さをもつ山のあるような場所をそなたは最も熱心に求めるべきである。しかし、そなたが有利に野営できる土地を占領したいと思っても、また、危険で利便性のない場所を避けたいと願っても、敵も同じように思うのであるから、非常に迅速に行動せねばならない。

もしそなたが狙っている土地が、敵からも同様に手の届く範囲にあり、またそなたと同様、敵も簡単にたどり着くことができるのであれば、必ず敵に先んじるようにしなくてはならない。そのためには、夜の間に行軍し、太陽が昇ったら歩みを止めることである。そしてできれば、止まる場所は高地であったほうが、遠くを見渡せるのでよい。そして、食糧や荷物が届くのを待つのだ。そうすれば、有利に戦いを進めることができるであろう。もし敵が向かってきたら、覚悟を決めて敵を迎え撃つことだ。

進攻は簡単であるが、撤退するのに非常な困難と労力を要するような場所へは、決して進攻してはならない。このような野営地は敵に完全に開放し、うかつにもそこを占領するようなことがあれば、攻撃するのだ。敵はそなたの手から逃げることはできず、さして労力も要せずに打ち負かすことができるであろう。

一度有利な地に陣地を構えたら、敵が最初の一歩を進め、動きを見せるまで静かに待つのだ。もし敵が戦闘隊形で進んできたら、彼らが引き返すのが困難であると見極めるまでは敵に先んじて攻撃してはならない。

もし敵が戦いのためのすべてを整える時間があり、そなたが攻撃をしかけても、打ち負かすことができないのであれば、そなたにとっての懸案事項がすべてそろっているということだ。再び攻撃を仕掛けるようなことをしてはならない。できるのであれば、野営に戻り、確実に危険がないとわかるまでは外へ出てはならない。敵がそなたをおびき出そうとさまざまな手立てを講じてくることを予期しておかなければならない。敵がとりうるすべての策略を無意味なものとするのである。

もし敵が先んじて、そなたが、そなたのものとすべきであった場所、つまり、より有利な場所に野営をはったのであっても、平凡な策略を使って、敵をそこから立ち退かせようと思っては決してならない。無駄に働くこととなろう。

もし、そなたと敵の距離があまりに離れており、両軍の力がほぼ拮抗しているのであれば、敵を戦いに引き込もうとそなたが仕掛けた罠には簡単にははまらないであろう。時間を無駄に失ってはならない。また別の側面からであれば、成功を収めやすいであろう。敵もそなたと同じように熱心に、有利なことを求めているという原理を忘れてはならない。

このような側面からあらゆる策略を使って、敵を陥れなければならない。しかしその一方で、自分自身が騙されることとなってはならない。そのためには、人はさまざまな形で騙し、騙されるということを決して忘れてはならない。この形について、そなたには六つの主要なものについてだけ注意しておこう。というのは、その他のこともおよそこの六つに集約されるからだ。

一つ目は、軍が行進する場合
二つ目は、軍のいろいろな配置
三つ目は、軍がぬかるんだ場所にいる場合
四つ目は　軍が無秩序である場合
五つ目は、軍が衰弱している場合
六つ目は、軍が逃げる場合

これらの知識がないがために失敗を犯した将軍は、自らの不幸について天を責めるという過ちも犯すであろう。しかし、それはすべて彼自身のせいであるとすべきなのだ。

［解説］

原文の冒頭部分を、句読点をとった完全な白文にすると、以下のようになる。
「孫子曰地形有通者有挂者有支者有隘者有険者有遠者」

これを、一般的な日本語訳では
「孫子曰、地形、有通者、有挂者、有支者、有隘者、有険者、有遠者」

と区切ったうえで解釈している。原文の最後に出てくる「凡此六者（この六つのもの）」とは、ここで出てきた六つの地形――「通」「挂」「支」「隘」「険」「遠」のことという解釈になる。

一方でアミオは、この部分を次のように区切る。

「孫子曰、地形有通者。有挂者、有支者、有隘者、有険者、有遠者」

直訳すれば「孫子が言った、地形には通じていなければならないものがある。それが「挂」であり、「支」であり、「隘」であり、「険」であり、「遠」である」となる。この場合、「通」が入らないので、五つとなってしまい「凡此六者（この六つのもの）」に該当しなくなる。そこでアミオ訳では、「凡此六者」が指し示すものを、この部分の最後に出てくる「走」「弛」「陥」「崩」「乱」「北」――アミオの訳文でいえば「軍が行進する場合」「軍のいろいろな配置」「軍がぬかるんだ場所にいる場合」「軍が無秩序である場合」「軍が衰弱している場合」「軍が逃げる場合」――のことだと解釈している。

●【原文】

夫勢均、以一撃十曰走。卒強吏弱曰弛。吏強卒弱曰陥。大吏怒而不服、遇敵懟而自戦、将不知其能、曰崩。将弱不厳、教道不明、吏卒無常、陳兵縦横、曰乱。将不能料敵、以少合衆、以弱撃強、兵無選鋒、曰北。凡此六者、敗之道也。将之至任、不可不察也。

【一般的な日本語訳】

「走」――彼我の勢力が拮抗しているとき、一の力で十の敵と戦う羽目になった場合

「弛」――兵卒が強くて軍幹部が弱い場合

「陥」――軍幹部が強くて兵卒が弱い場合

「崩」――将帥と最高幹部の折合いが悪く、最高幹部が不平を抱いて命令に従わず、かってに敵と戦い、将帥もかれらの能力を認めていない場合

「乱」――将帥が惰弱で厳しさに欠け、軍令も徹底せず、したがって将兵に統制がなく、戦闘配置もでたらめな場合

「北」――将帥が敵情を把握することができず、劣勢な兵力で優勢な敵に当たり、弱兵で強力な敵と戦い、しかも自軍には中核となるべき精鋭部隊を欠いている場合

以上六つの状態は、敗北を招く原因である。これは、いずれも将帥の重大な責任である

から、いやがうえにも慎重な配慮が望まれる。

[アミオ訳]

以下のような将軍は、計算された逃走や、みせかけの行軍、その振る舞いの合算によって騙しを仕掛けてくる敵の犠牲となるのがおちである。軍の頭となる者が、自らが戦いに導くべき味方の軍隊、そして打ち負かさねばならない敵の軍隊に関わることすべてについて、完璧に知識を得ようとしない。今まさにいる場所、これから赴くべき場所、万一のときに身を隠すことができる場所、そこに敵をおびきよせる目的のために、行くふりができる場所、予期していない時にやむなく止まれる場所についての正確な知識がない。適切でない時に軍を動かしてしまう。敵の動きやその行動の意図に精通していない。必要がないのに、または、今いる場所の自然の条件から余儀なくされるわけでもないのに、もしくは、生ずべき不都合を予測できずに、そして、現実の有利さがあるとの確信もなしに、軍を分断してしまう。無秩序が軍に少しずつ入り込んでくることに苦しむ。もしくは、不確かな兆候から、敵軍を無秩序が支配しているので行動を起こすべきと軽々しく確信してしまう。迅速な救済策を講じることなしに、少しずつ軍を衰退させてしまう――。次にあげる金言がそなたの行動における規則となるであろう。

もしそなたの軍と敵の軍が、数や力において拮抗しているのであれば、地の利の十のうち九を掌握しなければならない。それらを手に入れるために、すべての力を注ぎ、あらゆる努力を惜しまず、策略を尽くさなければならない。もしそなたが地の利を手に入れたのであれば、敵はそなたの前に姿を見せるどころか、そなたを見るやいなや逃走することを余儀なくされるであろう。またうかつにも敵が攻めてくるようなことがあっても、十対一の有利さで敵と戦うことができるであろう。もし、うっかり、または未熟さから、そなたが得られていないものを得る時間やチャンスを、敵のほしいままにさせてしまったのであれば、逆のことが起きるであろう。

どんな場所をそなたが占めることができたとしても、もし兵が強く、能力にあふれる一方、将校たちが弱く、臆病であれば、そなたの軍は敗北を免れることはできないであろう。もし逆に、力や能力が将校のみに秘められており、弱さと臆病さが兵の心を巣くっているのであれば、軍は近いうちに潰走することとなろう。というのは、勇気と能力にあふれる兵というのは、名誉を失うことを欲せず、臆病で精彩のない将校が彼らに認めないようなことばかりをしたがるのである。同様に、勇敢で大胆不敵な将校は、臆病で意気地なしの兵に確実に従われないであろう。

もし将官がカッとなりやすく、感情を隠すことも、怒りを抑制することも知らないのであれば、目標が何であろうと、うまく切り抜けられないであろう行動や小さな戦いを自らの側から始めてしまうであろう。うまく切り抜けられないというのは、彼らはそれを性急に始めてしまっており、生じる不利益や結果の予見などしていないためである。また、もっともらしく作り上げられたさまざまな口実のもとに、将軍が明示している意向に反する行動を起こすことさえあろう。軽率に、そしてあらゆる行動規範に反して始められた一つの例外的な行動によって、ついには通常規模の戦いが始まってしまい、そこではあらゆる有利なことは敵側にあるのである。このような将校からは目を離さず、決してそなたの傍から離してはならない。他の面でいかに優れたところを持っていても、そなたに甚大なる損害を与え、場合によっては軍全体を失いかねないこととなるであろう。

もし将軍が臆病であるなら、その階級の人間に相応しい名誉の気持ちを持ち合わせておらず、兵士たちの志気を上げるための根本的な才能に欠けることとなる。勇気を奮い立たせるべきときに、逆にそいでしまうのである。兵士を教育することも、適宜、訓練することもできない。下級の将校の知恵や能力、熟練の技に頼るべきということに決して思い至らず、将校たち自身もどうしたらよいのかわからない。このためどのような仕組みにも方法にも従うことなく、あるときはある方法、あるときはまた別の方法で軍を配備してしまうため、兵士たちは幾度となく誤った動きをさせられるのである。何事にもためらい、何事も決定せず、常に心配ごとしか見出せず、したがって、無秩序、全体的な混乱が軍を支配することとなる。

もし将軍がこれから戦うべき敵の強みや弱みを無視し、実際に占拠している土地も、今後さまざまな情勢に応じて占拠する可能性のある土地も、ともに深く理解していないのであれば、敵軍の最も強いところに自らの軍の最も弱いところを対抗させることとなろう。敏捷《びんしょう》で鍛え上げられた己の兵を精彩のない兵、または敵がまったく顧みていない兵に向けて送ったり、攻撃すべきでない場所から攻撃させたり、助けのないまま、抵抗できる状態にない自らの兵の命を失わせたり、適さない場所で適さないときに防衛したり、最も重要な場所を軽率に明け渡したりする。これらのような場合、敵の政策の結果として優位に立つのを非現実的にも当てにするか、とるにたらない失敗だけで、勇気をなくすかであろう。予期せずして追跡され、取り囲まれ、猛烈に攻撃されることとなろう。逃げて助かることができれば幸運である。この章の本題に戻るが、このようなことから、優れた将軍というのは、戦争の場、そして戦争の場となりうる場所すべてを、自分の家の中庭や庭園の隅々までと同様に明確に知り尽くしていなければならないのだ。

別のところで述べたが、人間一般への愛と、時宜を得て罰と褒賞を与える公正さと才能は、戦術の理論体系を構築するにあたっての基礎とすべきものである。しかし、この章において付け加えるべきことは、土地に関する正確な知識は、国家の平穏と栄光にとって同様に重要となる理論体系の構築に用いられる要素のなかでも、最も不可欠なものであるということである。それゆえ、生まれながらに、または社会情勢によって、将軍という高位に運命づけられたような人間は、あらゆる神経を遣い、できるかぎりの努力をして、軍人の技術のなかで特に この部分について熟達しなければならない。

［解説］

前にも記した通り、一般的な日本語訳では、前段最後に出てきた「走」「弛」「陥」「崩」「乱」「北」それぞれの詳細を説明した部分と解釈する。

一方、アミオ訳でも、内容に関しては、一般的な日本語訳と同じように「敗北を招く将軍」についての記述と解釈する。しかし、前段の文脈とは独立したものとして扱う。なぜなら、アミオは「走」「弛」「陥」「崩」「乱」「北」の六種類は、前段冒頭に出てくる「不利な地形／有利な地形」において念頭に置いておくべき注意事項として解釈したからだ。

［原文］

夫地形者、兵之助也。料敵制勝、計険阨遠近、上将之道也。知此而用戦者必勝、不知此而用戦者必敗。故戦道必勝、主曰無戦、必戦可也。戦道不勝、主曰必戦、無戦可也。故進不求名、退不避罪、唯人是保、而利合於主、国之宝也。

〔一般的な日本語訳〕

地形は、勝利をかちとるための有力な補助的条件である。したがって、敵の動きを察知し、地形の険阻遠近をにらみあわせながら作戦計画を策定するのは、将帥の務めである。これを知ったうえで戦う者は必ず勝利を収め、これを知らずに戦う者は必ず敗北を招く。それ故、必ず勝てるという見通しがつけば、君主が反対しても、断固戦うべきである。逆に、勝てないと見通しがつけば、君主が戦えと指示してきても、絶対に戦うべきでない。その結果として、将帥は、功績をあげても名誉を求めず、敗北しても責任を回避してはならぬ。ひたすら人民の安全を願い、君主の利益をはかるべきである。そうあってこそ、国の宝と言えるのだ。

〔アミオ訳〕

土地の正確な知識がある将軍であれば、最も危機的な局面においても苦難を切り抜けることができる。また、不足している援軍や物資を手に入れることができ、敵に送られた援軍や物資を妨害することもできる。進むことも、後退することも、今だと思ったときに、すべて行軍を統制することができる。敵の進行を操作したり、意のままに進ませたり、後退させることもできる。自身が奇襲を受ける心配をせずに、執拗に敵を攻撃することもできる。何通りもの方法で敵を困らせ、自らは、敵が与えようとする損害への予防策を取るることもできる。つまるところ、自らの判断によって、その栄光と利益のために有利となるように、戦いを終わらせることも長引かせることもできるのである。

もしそなたが、最も近い場所から最も離れた場所まで、二つの軍が占拠する可能性のある土地の、隅から隅まで、高地も低地も、そこに通じる道もそこから通じる道もすべて把握しているのであれば、勝利は確実なものとなろう。なぜならこの土地の知識によって、そなたの軍のさまざまな隊にとってどのような隊形が最も適しているのかを知ることができ、いつが戦いを始めるのに適しているのか、いつ戦いを延期すべきなのかを正確に知ることができる。また、そなたが受けた命令がどんなものであろうと、状況に応じて君主の意思を解釈することができる。そなたは自らのなかにある理性の光に従って、真に君主に仕えているのであり、そなたの名声を汚すような傷を負うこともなければ、君命に従うことで不名誉に命を落とす危険にさらされることもない。君主に仕えること、国の利益と人民の幸福をもたらすことこそ、そなたが目指すべきことであり、この三つを満たすことで、そなたの目標は達せられるのである。

★原注1：中国の軍隊のさまざまな隊形については、この本の一番後ろで絵を示しながらふれていきたい。

★原注2：原文を文字通りに訳すならば、このようになるであろう。「もしそなたが戦うというリスクを冒すべきではないと思うのであれば、そなたが受けた開戦せよという命令がいかに明確なものであっても、決して戦ってはならない。逆に、もし戦いがとても有利となることを確信するのであれば、君主が戦ってはならぬと命令しようとも、急いで戦いの火蓋を切るべきである。そなたの命も名声も何のリスクを負うことはない。またそなたがその命令に背いた者の前に、そなたは何の罪を負うこともない……」。すでに述べたとおり、一度戦いが始まってしまえば、将軍の権限は無限なのである。

★原注3：ところどころで述べているが、中国政府の原理において、敗北に帰した将軍はつねに責を負わされる。それゆえ、君主が出発の前に与えた命令に従うために行った戦いに負ければ、どんなに理にかなった主張をしようとも、命を落とす結果となる。彼は命令されたことに従っただけだと言われることはなく、臆病者もしくは、軽率な人間と言われるのである。もしくは、彼を軍の頭に置いた君主の意思を汲み取るべきだったとか、彼はその仕事を果たしていないとか言われるのである。というのは中国では、他のどんな国よりも、君主は決して過ちを犯さないとされるのである。同様のことを表す言葉として、君主は誤ることを知らないという格言もある。

［解説］

当時、戦闘は戦車を中心とした戦いがほとんどであり、別掲の原書に収録されていた図版（この日本語版では、いくつかを抜粋して一部の章末に掲載した）のような戦闘隊形はもう少し後の時代に作られたものだといわれている。

ここから以降は、アミオの解説が訳文に大量につけられているが、大きな方向性としては一般的な日本語訳とほぼ同じに訳されている。

［原文］

視卒如嬰児、故可与之赴深谿。視卒如愛子、故可与之倶死。厚而不能使、愛而不能令、乱而不能治、譬若驕子、不可用也。

［一般的な日本語訳］

将帥にとって、兵士は赤ん坊と同じようなものである。そうあってこそ、兵士は深い谷底までも行動を共にするのだ。

将帥にとって、兵士はわが子と同じようなものである。そうあってこそ、兵士は喜んで生死を共にしようとするのだ。

しかしながら、部下を厚遇するだけで思いどおりに使えず、可愛がるだけで命令できず、軍規に触れても罰を加えることができなければ、どうなるか。そうなったら、わがまま息子を養っているようなもので、ものの役には立たなくなってしまう。

【アミオ訳】

そなたがいる場所がどんな種類の土地であろうと、そなたは兵士たちを何もわからない、一歩を踏み出すこともできない幼児のように見ることが必要である。幼児たちは導いてやらなければならない。また、彼らをわが子のように思わなければならない。そなた自身で彼らを導き、彼らを愛さなければならない。つまり、危険に直面しなければならない時は、兵士たちだけに直面させるのではなく、そなたのあとについて一緒に危険に向き合わせるのである。命を投げ出させないとならない時は、彼らにだけでなく、一緒にそなたも命を投げ出すことが必要だ。

そなたの指揮のもとにおかれた者たちを、わが子のように愛さなければならないと言ったが、甘やかされた子どもにしてはならない。矯正すべきときに矯正せず、どんなに注意や思いやり、優しさを彼らに傾けても、そなたが望むように、統制することもできなければ、必要なときに、彼らを利用することもできないのであれば、甘やかされた子ども同然である。

【解説】

一般的な日本語訳では、「嬰児（赤ん坊）」の比喩を、「お世話すべき、愛すべき部下」のこととして解釈する。アミオ訳では、「地形がわからず、前に進めない者」のこととして解釈している。これは述語が「赴深谿（深い谷底までも行動を共にするのだ）」と地形に絡んだ内容になっていることが一つ。さらに、「愛子（わが子）」の比喩が次の文章で出てくるため、両者の違いを考えて、訳し分けたと考えられる。一般的な日本語訳では、「嬰児（赤ん坊）」「愛子（わが子）」ともに同じ「お世話すべき、愛すべき部下」の比喩と見て、重文として解釈している。

【原文】

知吾卒之可以撃、而不知敵之不可撃、勝之半也。知敵之可撃、而不知吾卒之不可以撃、勝之半也。知敵之可撃、知吾卒之可以撃、而不知地形之不可以戦、勝之半也。故知兵者、動而不迷、挙而不窮。故曰、知彼知己、勝乃不殆。知天知地、勝乃不窮。

【一般的な日本語訳】

味方の兵士の実力を把握していても、敵の戦力の強大さを認識していなければ、勝敗の確率は五分五分である。

敵の戦力はそれほど強大なものではないと知っていても、味方の兵士の実力を把握していなければ、勝敗の確率はやはり五分五分である。

さらに、敵の戦力、味方の実力を十分に把握していても、地の利が悪いことに気づかなければ、これまた勝敗の確率は五分五分である。

戦上手は、敵、味方、地形の三者を十分に把握しているので、行動を起こしてから迷うことがなく、戦いが始まってから苦境に立たされることがない。

敵味方、双方の力量を正確に把握し、天の時と地の利を得て戦う者は、常に不敗である。

［アミオ訳］

そなたがどんな種類の土地にいようと、もしその土地に関するすべてのことに精通し、どの場所から敵を攻撃すべきかも知っていても、実際に敵が防御の態勢にあるか否か、そなたを迎え撃つ態勢にあるのか、あらゆる出来事に必要な準備をしているかということを無視しては、半分しか制圧することはできない。

どんなにあらゆる土地についての豊富な知識を持っており、敵が攻撃されやすい状態にあることも知っており、さらにどの方向から攻めるべきであるかまでを知っていても、自らの軍が有利に攻撃を仕掛けることができるという確かな指標がないのであれば、これもまた半分しか制圧することはできないであろう。

たとえ、味方と敵、いずれの軍についても実際の状態を把握し、自らの軍が有利に攻撃できる状態であり、なおかつ、敵軍が力や数においてそれらに劣っていることがわかっていても、周囲の土地の隅々まで知り尽くしていないのであれば、制圧できたとしても、やはり半分しか制圧できないことは確かである。

真に戦術に長けている者は、行進は常に不利な点なく行い、あらゆる動きに無秩序さがなく、攻撃は確実で、奇襲のきかない守りを固め、場所を選んで野営を張り、理論や方法を持って退却するものである。本来の力を自ら知っており、また敵に関しても同様で、なおかつ、土地に関するあらゆることについて精通しているのである。

【解説】

謀攻篇にある有名な「彼を知り、己を知れば、百戦して殆うからず」の場合、アミオ訳では「彼＝部下」として訳していた。一方、こちらでは原文が「敵」となっているので、アミオ訳もそのまま、「敵」「己」「天の時と地の利」の三者の関係として訳している。

また、原文にある「勝之半也」、一般的な日本語訳では「勝敗の確率は五分五分」と解釈するが、アミオ訳では「半分しか制圧することはできない」と制圧の範囲として解釈している。

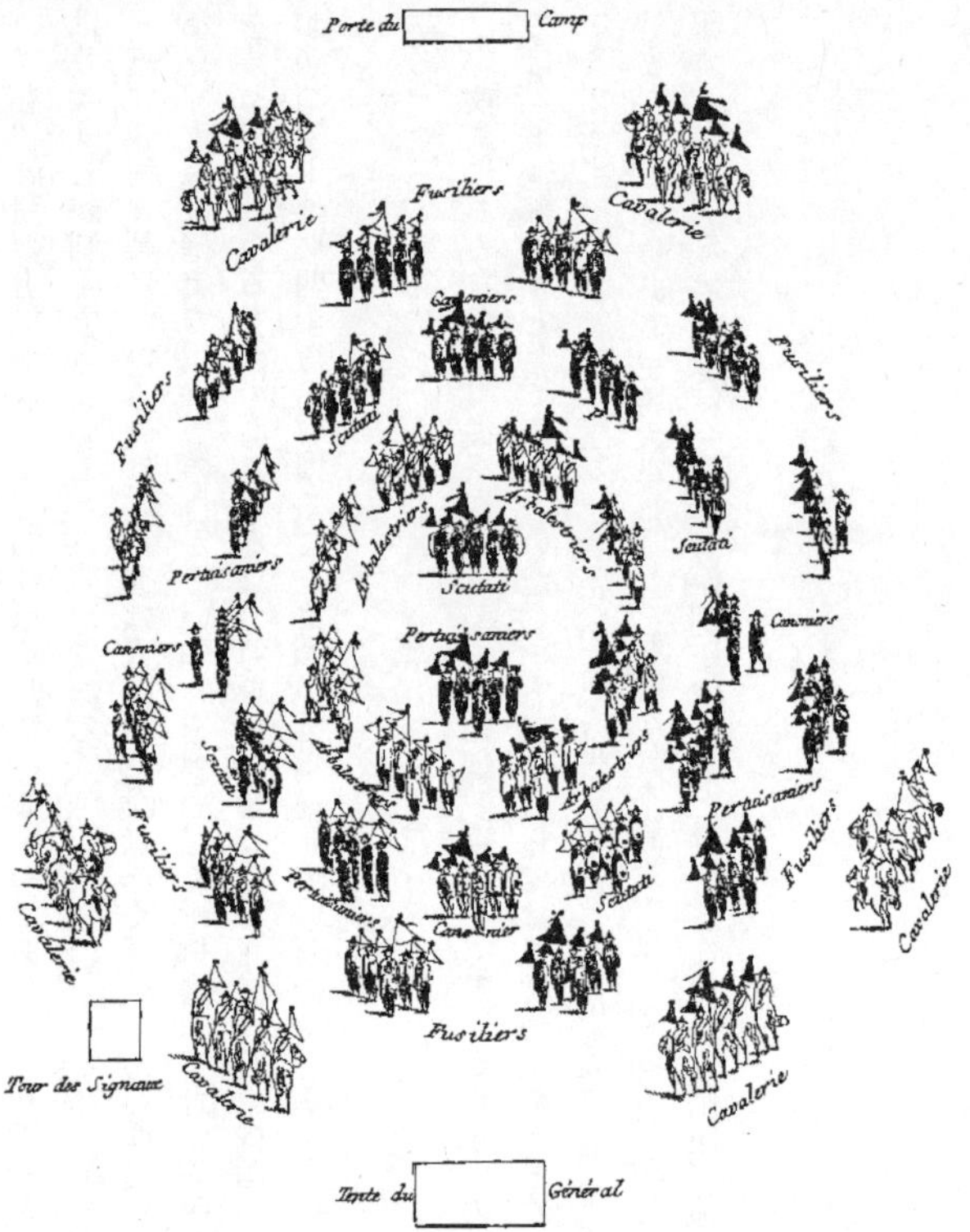
Porte du Camp
Fusiliers
Cavalerie
Cavalerie
Canoniers
Fusiliers
Fusiliers
Scutati
Arbalestriers
Arbalestriers
Scutati
Scutati
Pertuisaniers
Canoniers
Pertuisaniers
Caneniers
Scutati
Arbalestriers
Arbalestriers
Pertuisaniers
Fusiliers
Fusiliers
Cavalerie
Scutati
Pertuisaniers
Canonier
Cavalerie
Fusiliers
Tour des Signaux
Cavalerie
Cavalerie
Tente du Général

第11章

九種の地（九地）

★原注：注釈者は、軍隊が存する場所には九つの種類があるという。つまり、戦いを交える場所は九種類あるということである。それゆえまた、軍を動かす方法も九つあり、敵を制圧する方法も九つ、自軍の優位な点を利用する方法も九つ、自軍の損害から利益を引き出す方法でさえも九つあるという。孫子が一度ならず幾度も同じ主題に立ち戻り、またこの章を、地についての知識に関してことさらに扱った章の直後にまた置いたのは、地をよく知ることの必要性をよりいっそう強く感じてもらうためである。

●〔原文〕

孫子曰、用兵之法、有散地、有軽地、有争地、有交地、有衢地、有重地、有圮地、有囲地、有死地。諸侯自戦其地、為散地。入人之地而不深者、為軽地。我得則利、彼得亦利者、為争地。我可以往、彼可以来者、為交地。諸侯之地三属、先至而得天下之衆者、為衢地。入人之地深、背城邑多者、為重地。行山林険阻沮沢、凡難行之道者、為圮地。所由入者隘、所従帰者迂、彼寡可以撃吾之衆者、為囲地。疾戦則存、不疾戦則亡者、為死地。是故散地則無戦。軽地則無止。争地則無攻。交地則無絶。衢地則合交。重地則掠。圮地則行。囲地則謀。死地則戦。所謂古之善用兵者、能使敵人前後不相及、衆寡不相恃、貴賤不相救、上下不相収、卒離而不集、兵合而不斉。合於利而動、不合於利而止。敢問、敵衆整而将来。待之若何。

【一般的な日本語訳】

戦争には、戦場となる地域の性格に応じた戦い方がある。

まず、戦場となる地域を分類すれば、「散地《さんち》」「軽地《けいち》」「争地《そうち》」「交地《こうち》」「衢地《くち》」「重地《ちょうち》」「圮地《ひち》」「囲地《いち》」「死地《しち》」の九種類に分けることができる。

「散地」とは、自国の領内で戦う場合、その戦場となる地域をいう。

「軽地」とは、他国に攻め入るが、まだそれほど深く進攻しない地域をいう。

「争地」とは、敵味方いずれにとっても、奪取すれば有利になる地域をいう。

「交地」とは、敵味方いずれにとっても、進攻可能な地域をいう。

「衢地」とは、諸外国と隣接し、先にそこを押さえた者が諸国の衆望を集めうる地域をいう。

「重地」とは、敵の領内深く進攻し、敵の城邑に囲まれた地域をいう。

「圮地」とは、山林、要害、沼沢など行軍の困難な地域をいう。

「囲地」とは、進攻路がせまく、撤退するのに迂回を必要とし、敵は小部隊で味方の大軍を破ることのできる地域をいう。

「死地」とは、速やかに勇戦しなければ生き残れない地域をいう。

以上、九種類の地域については、それぞれ次の戦い方が望まれる。

「散地」――戦いを避けなければならない。

「軽地」――駐屯してはならない。

「争地」――敵に先をこされたら、攻撃してはならない。

「交地」――部隊間の連携を密にする。

「衢地」――外交交渉を重視する。

「重地」――現地調達を心がける。

「圮地」――速やかに通過する。

「囲地」――奇策を用いる。

「死地」――勇戦あるのみ。

むかしの戦上手は、敵を攪乱《かくらん》することに巧みであった。すなわち、敵の先鋒部隊と後続部隊、主力部隊と支隊を切り離し、上官と部下、将校と兵士のあいだにくさびを打ちこみ、一丸となって戦えないようにしむけた。そして、有利とみれば戦い、不利とみればあえて戦わなかった。

では、敵が万全の態勢をととのえて攻め寄せてきたら、どうするか。

【アミオ訳】

孫子は言った、

自軍もしくは敵軍のいずれかが優位に立てば、もう一方が必ず不利益を被ることとなる九種の地がある。一番目は「分裂もしくは離散の地」。二番目は「軽い地」。三番目は「争われうる地」。四番目は「集結の地」。五番目は「平坦で一様な地」。六番目は「出口の多い地」。七番目は「重々しく、重要な地」。八番目は「損傷し、破壊された地」。九番目は「死の地」。

1 自らの領地内の国境近くの地を「分裂もしくは離散の地」と呼ぶ。必要もなく故郷の近隣に長く留まる軍隊は、兵士たちの多くが、死にさらされるよりも、一族の血を守りたいという願望を強くもつようになる。敵の接近もしくは次の戦いの最初の知らせが伝わると、それぞれが悲しげに物思いにふける。故郷に逃げ帰るという安逸さが複数の者を誘惑する。彼らは誘惑に負けるであろうが、そのような例は多数にとっての悪い見本となる。彼らにはまず礼賛者が、次に模倣者が現れるであろう。軍はもはや一つにまとまった部隊ではない。いくつかの集団に分裂し、それぞれが、最初に軍隊へ彼らを送り込んだ領主[★1]の個々の部隊としか認識していないであろう。将軍の声に耳を塞ぎ、近いうちにさまざまな言い訳のもとに、軍を捨ててしまうであろう。もう少し粘り強い者たち、言うならばまだ軍の本隊から逃亡しない者たちも、そもそもの考え方は同じではなく、軍は次々に分断していくだろう。将軍はもはやどんな方針をとり、何を決心していいのかわからず、大きくしつらえられた軍も散り散りとなり、風に流される雲のように消え去ってしまうであろう。

★原注1：著者はここで特に、今日の王朝（l'Empire）を構成する地方の小さな君主たちによって供出された、もしくは金で雇われた軍隊について述べているのである。彼らはまた、王朝の領主たちでもあったのだ。この君主たちは皇帝に対し、要求される度に軍隊を供給しなければならなかったが、この軍隊にはそれぞれに独自の将校がおり、戦いや包囲、野営などの場以外においても、軍隊の全体と関わるあらゆる他の軍事的行動について、包括的かつ絶対的に彼らに依存していたのである。これらの軍のほかに、志願兵といった類の者もおり、彼らは将軍に入隊の同意——ほとんど拒絶されることはなかったが——を自ら取り付けて入ったにもかかわらず、些細なきっかけで逃げてしまったのである。

2　国境近くであるが、すでに敵地内である場所を、「軽い、もしくは軽さの地」と呼ぶ。この類の地は軍を留め得る要素が何もない。後ろを振り返ると、あまりに容易な帰路が絶え間なく目に入るため、機会があり次第逃げ帰りたいという願望を生じさせ、移り気や気まぐれが甘んじるに足る機会を必ず見つけてしまうのである。

3　両軍にとってふさわしい地、言い換えればわれわれが有利な点を見つけられるのと同等に、敵も有利な点を見つけられる地、もしくは自軍にとっての有益さとは別に、敵軍隊を害し、敵の思惑のいくつかを妨害することができる陣地に野営を張れる地、この類の地は「争われうる地」、もっといえば「争うべき地」でもある。

4 「集結の地」というのは、われわれも行かないわけにはいかず、また敵も行かずにはすごせない地ということを意味する。または、そなたが自国の国境へすぐ帰れる範囲にいるのと同様に、敵も自国の国境にすぐ戻れる範囲におり、逆境であってもそなたと同じように安全を見つけ、逆にもし最初から優位に立っていたのであれば、幸運の道をたどるチャンスを見つけられる地ともいえる。

5 単純に「平坦で一様な地」と呼んでいるのは、広く大きな土地で、両軍ともに野営を張るのに十分な地形であるが、他の理由から、必要に迫られるのでないかぎり、または戦いを避ける選択肢をそなたに一つも与えない敵によって戦いを余儀なくされるのでないかぎり、全軍あげての戦いを始めることは適切でない場所でもある。

6 ここで言う「出口の多い地」とは、さまざまな助力を得ることを容易にする土地、そして、敵味方の両軍のうち、肩入れしたいと思う側に対して隣国の君主が手助けできる土地である。

7 「重々しく、重要な地」と名づけたのは、敵国の中にあり、都市、要塞、山、狭路、川、渡るべき橋、横切るべき不毛な平原等々に囲まれた土地のことである。

8　誰もが窮屈ですべてが狭く、軍の一部隊が他の部隊を見ることも、まして救うこともできないような、湖や沼、急流や危険な川がある地、また多大なる疲労と大きな困難を伴わずには歩むことができず、そして小隊に分かれなければ進むことができないような地形を、「損傷し、破壊された地」と呼ぶのである。

9　そして「死の地」であるが、どんな選択をしようとも、常に危険にさらされる状態に追い詰められる地ということを意味している。戦いを始めてしまえば打ち負かされる危険を必ず冒し、静かにしていたとしても空腹、苦痛、病気によって死の瀬戸際に追いやられることとなる土地である。一言でいえば、留まるべきではない土地であり、かつ抜け出すのも困難な地形である。

以上が最初に述べた九つの地である。これらに立ち向かい、またはこれらを利用するために、熟知するよう努めるべきである。

もしそなたがそれでも「分裂の地」にしかいれないのであれば、そなたの軍隊をよく抑えておくことだ。特に、どんなに状況が有利に見えても、決して戦いを始めてはならない。祖国が目に入ること、そして安易に撤退できることは、臆病さを引き起こすのである。ほどなく野戦場は逃亡兵で一杯になるであろう。

もしそなたが「軽い地」にいるのであれば、決して野営を築いてはならない。そなたの軍がいまだ一つの都市も、一つの要塞も、そして敵の占領地のなかの重要な場所を一つも奪い取っておらず、後方に軍を押しとどめる障害物もなく、これ以上進軍することに困難、苦痛、苦境が垣間見えるのであれば、困難で危険に満ちて見えるものよりも、簡単に見えるものを選択したくなるであろうことは間違いない。

もしそなたが、そこを「争われる地」であると判断したのであれば、まずはそこを奪取するのだ。敵に気づかれる隙を与えずに、そなたの精力を全て傾けて、そしてあらゆる努力を尽くしてその地を完璧に手中に収めることである。逆に、すでにそこを占領している敵を追い出すための戦いは、始めてはならない。もし敵に先んじられたのであれば、敵をそこから立ち退かせるような術策を用い、逆にそなたが一度占領したのであれば立ち退いてはならない。

「集結の地」については、敵より先に到着するよう努めることだ。そしてあらゆる方面の者と闊達なコミュニケーションをとっておく。また、危険にさらされることなく馬、荷車、荷物を行き来できるようにもしておく。近隣の民の好意を確保しておくために、そなたにできることを何一つ怠ってはならない。好意を探し、求め、買い、どんな対価を払ってでも手に入れなければならない。それは必ずや必要となるものである。そなたの軍隊が必要とするものをすべて入手可能にするには、この方法に頼るしかない。もしあらゆるものがそなたの側に豊富にあれば、欠乏が敵側を支配することになる可能性が大きいのである。

「平坦で一様な地」では、ゆったりと時を過ごし、鷹揚に構え、あらゆる不意打ちから身を守るために砦を築き、時と状況がそなたに何か大きな行動を起こす道をあけてくれるまで、静かに待つことである。

もしそなたが「出口の多い地」、つまりいくつもの道を通ってそこに行くことができる土地の程近くにいるのであれば、まずはその道をよく知り尽くすことだ。何一つ漏らさずリサーチしなければならない。どんなにそれが重要でなく見えようとも、一つ残らずすべての大通りを占領しなければならない。そして、注意深くそれらすべてを見張っておくことだ。

もしそなたが「重々しく、重要な地」にいるのであれば、周囲のものすべてを支配することである。自らの後ろに何も残してはならない。たとえそれがどんなに小さな持ち場であろうと、手に入れられるものは奪取すべきだ。このような用心さがなければ、軍隊の維持に必要な食糧が不足する危険、もしくは考える間もなく敵が目前にせまってしまう危険、一度にあらゆる側から攻撃される危険にさらされることとなろう。

もしそなたが、「損傷し、破壊された地」にいるのであれば、それ以上進んではならない。きびすを返し、できるだけ迅速に逃げることだ。

もしそなたが、「死の地」にいるのであれば、戦うことを少しもためらってはならない。まっすぐに敵に向かい、そしてそれは早ければ早いほどよい。

これらがいにしえの戦士たちがとってきた振る舞いである。この偉大な人々は戦術に長け、熟達していたが、攻撃と守りの方法は不変ではなく、寄って立つ土地の性質や、その位置取りによる性質を考慮したものでなくてはならないという行動原則を持っていた。彼らはまた、軍隊の先頭と末尾は同じ方法で指揮命令してはならないとも言っていた。★2

★原注2：注釈者は以下のように述べている。いにしえの者たちは、軍の先頭と末尾は同じ計画や同じ勢力で攻撃してはならないということを金言として持っていた。彼らは「先頭は抑止するにとどめ、末尾は撃破するべきである」と言っている。注釈者はここで、著者の本当の意図をとらえきれていないように思われる。

また、多数者と少数者が長期間協力関係にあることはないし、強い者と弱い者が一緒になるとすぐに離反してしまうし、位の高い者と低い者が同じように役に立つというわけでもない。緊密にまとまっていた軍隊も簡単に分裂してしまい、一度分裂すると再度一つになるのには非常な困難を伴うともしていた。彼らが絶え間なく繰り返して言うには、現実に有利だと確信できなければ決して行動を起こすべきではないし、何も勝ち取れるものがないのであれば、自らは静かに身を保ち、野営を守るべきであるのだ。

［解説］

九種類の土地の部分に関しては、翻訳の全体の方向性としては、一般的な日本語訳とアミオ訳とで大きな齟齬はない。ただ、順番にやや前後があり、「集結の地（交地）」までは一緒だが、以下おそらく次の対応関係になる。

・「平坦で一様な地」…囲地
・「出口の多い地」…衢地
・「重々しく、重要な地」…重地
・「損傷し、破壊された地」…圮地
・「死の地」…死地

また、一般的な日本語訳では、「所謂古之善用兵者、能使敵人前後不相及」以下の部分を敵のこととして解釈し、「いかに敵を分裂させるのか」ととるが、アミオ訳では味方のこととし「いかに自軍を分裂させないか」の観点から訳している。

さらに、原文の最後にある「敢問、敵衆整而将来。待之若何」の部分、一般の日本語訳では次の段落の冒頭と呼応させ、「敢えて問う~曰く」と自問自答した部分として解釈する。アミオ訳では「敢問」を、「彼らが絶え間なく繰り返して言うには」と解釈して、下文とは呼応させずに切っている。

アミオは、特にここ九地篇では翻訳に気持ちがのっていたようで、この冒頭部分を筆頭に、全篇を通じて大量のアミオ独自の解説が混入されている。

● [原文]

曰、先奪其所愛則聴矣。兵之情主速。乗人之不及、由不虞之道、攻其所不戒也。

[一般的な日本語訳]

その場合は、機先を制して、敵のもっとも重視している所を奪取することだ。そうすれば、思いのままに振り回すことができる。

作戦の要諦は、なによりもまず迅速を旨とする。敵の隙に乗じ、思いもよらぬ道を通り、意表をついて攻めることだ。

[アミオ訳]

この章とその前の数章で書かれていることの大部分を、一つの同じポイントに照らしてみるならば、それはそなたの戦いにおけるあらゆる行動は、状況にあわせて決定されるべきであるということに集約されるのだ。攻撃するか守るかは、戦いの舞台がそなたの領地にあるのか、敵の領地にあるのかにかかっているのである。

もし戦いがまさにそなたの領地で行われているのであれば、そしてもし敵がそなたにあらゆる準備を整える時間を与えずに、領地を侵略し、分断するために、もしくは損害を与えるためにすべての勢力をかけて攻撃してきたのであれば、たとえそれが敵の目をそらせるため、もしくはそなたがほかの準備をするための時間を得るためにしかならないとしても、できるかぎりたくさんの兵を迅速に集め、近隣の国や同盟の国に助けを求めるために遣いを送り、敵にとって有利で、最も好みそうな場所、もしくは敵が狙いをつけているであろうとそなたが判断した場所を支配下におき、その地を防戦態勢におくのだ。また、敵軍が食糧を受け取れないよう邪魔をすることにも注意の一部を傾け、彼らのあらゆる進路を塞ぎ、もしくは少なくとも伏兵がいる道、または敵が武力で奪取せざるを得ない道しか通れないようにすべきである。その点で村人、田舎の人々はそなたの大きな助けとなり、正規軍よりもずっと有用に役立ってくれるであろう。彼らにはただ、不正な強奪者が彼らの所有物を奪いに来たり、彼らの父、母、妻、子どもたちを連れ去らないよう、敵を妨害しなければならないことだけを理解させておくのだ。しかしただ守りに徹するのではなく、輸送隊を奪取するために分遣隊を送ったり、あちらこちらから執拗に攻め、疲弊させ、攻撃をしかけなければならない。不正な侵略者にその軽率さを悔やませてやるのである。そなたに損害を与えられなかったという屈辱だけを戦利品に、撤退を余儀なくさせてやるのである。

●〔原文〕

凡為客之道、深入則専、主人不克。掠於饒野、三軍足食。謹養而勿労、併気積力。運兵計謀、為不可測。投之無所往、死且不北。死焉不得。士人尽力。兵士甚陥則不懼。無所往則固、深入則拘、不得已則闘。是故其兵不修而戒、不求而得、不約而親、不令而信。禁祥去疑、至死無所之。吾士無余財、非悪貨也、無余命、非悪寿也。令発之日、士卒坐者、涕霑襟、偃臥者、涕交頤。投之無所往者、諸劌之勇也。

〔一般的な日本語訳〕

敵の領内深く進攻したときの作戦原則——

一、敵の領内深く進攻すれば、兵士は一致団結して事にあたるので、敵は対抗できない。

一、食糧は敵領内の沃野から徴発する。これで全軍の食糧をまかなう。

一、たっぷり休養をとり、戦力を温存して英気を養う。

一、敵の思いもよらぬ作戦計画を立てて、存分にあばれ回る。

こうして軍を逃げ道のない戦場に投入すれば、兵士は逃げ出すことができないから命がけで戦わざるをえなくなる。

兵士というのは、絶体絶命の窮地に立たされると、かえって恐怖を忘れる。逃げ道のない状態に追いこまれると、一致団結し、敵の領内深く入りこむと、結束を固め、どうしようもない事態になると、必死になって戦うものだ。

したがって兵士は、指示しなくても自分たちで戒めあい、要求しなくても死力を尽くし、軍紀で拘束しなくても団結し、命令しなくても信頼を裏切らなくなる。こうなると、あとは迷信と謡言を禁じて疑惑の気持を生じさせなければ、死を賭して戦うであろう。

かくて兵士は、生命財産をかえりみずに戦う。かれらとて実は、財産は欲しいいし、生命は惜しいのだ。出陣の命令が下ったときは、死を覚悟して、涙が頰をつたわり、襟《えり》をぬらしたはずである。

そのかれらが、いざ戦いとなったとき、専諸《せんしょ》や曹劌《そうけい》顔負けの働きをするのは、絶体絶命の窮地に立たされるからにほかならない。

［アミオ訳］

もし敵国で戦争をするのであれば、まれにしかそなたの軍隊を分割してはならない。さらによいのは、決して分割しないことだ。兵士たちが常に一つとなり、互いに助け合える状態でいられるようにしておくことだ。また、肥沃で豊かな土地にいつもいるようにしなければならない。もし兵士たちが空腹に苦しむようなことがあれば、敵の剣が数年かけても成し遂げられないほどの災禍が、貧困と病によってほどなくもたらされることとなろう。

そなたの必要とするあらゆる助力は、平和裏に手に入れることが求められる。力を用いるのは、他の手段が無駄に終わってしまったときのみである。村々や田舎の人々がそなたに食料を自分自身から持ってくることに利益を見出せるようにしなければならない。しかし、繰り返して言うが、そなたの軍隊は決して分割してはならない。他の条件がすべて同じだったとすれば、自国で戦えば強さは二倍になる。もし敵国で戦うのなら、とくに敵国内のそれなりに深く進攻した土地にいるのであれば、この金言を思い出すことだ。そしてそなたの軍すべてを率いて、極秘裏にあらゆる戦略を練るのだ。つまり、だれにもそなたの計画を見抜かれてはならない。それを実行するときがきたら、そなたがしたいことをみなが知れば、それで十分である。

時には、どこへ行けばよいのか、またどちらの方向へ向かえばいいのかもわからないという状況に追いやられることもありうるだろう。そういう場合は何事も急がずに、ただ好機を待って、そなたがいる場所から動かないことだ。また、折悪く戦いに巻き込まれてしまうこともあろう。そういう時は、恥ずべき逃走は避けなければならない。逃げればそなたに損失を生む。撤退するくらいなら命を賭けるべきである。少なくとも輝かしい最期を遂げることができる。しかしながら、平静さは保たなければならない。そなたの計画を知らずにいることに慣れたそなたの軍は、軍をおびやかす危機も同様に知らずにいることだろう。彼らはそなたがそなたなりの理由を持っていると信じるであろうし、そなたが長い時間をかけて彼らに戦いを覚悟させていたかのような秩序と能力を持って戦うであろう。このような場合でも打ちひしがれずにいれば、そなたの兵たちはその力、勇気、能力を倍増させ、そなたの名声は輝かしいものとなろう。そして、軍はそなたのような指導者のもとで自分たちが無敵であると信じることであろう。

そなたがいる位置や状況がどんなに危機的であろうと、決して絶望してはならない。あらゆることが懸念されても、何事も心配してはならないし、あらゆる危険に取り囲まれても、どれ一つ恐れてはならないし、方策が何一つなくても、あらゆることから対策を引き出さなければならない。また、奇襲をかけられたら、今度は敵に奇襲をかけなければならない。また、そなたの軍は次のように訓練をすべきである。準備が整っていなくとも整っているように振る舞うことができ、想像もしなかったところに大きな利点を見つけ、そなたの側から特に命令がなくとも常にその命令下にあるように振る舞い、厳禁の命がなくとも、規律に反することはすべて自らで禁じることができる。

みながあらぬ噂を広めないよう、とりわけ細心の注意を払い、不平不満の根を絶ち、どんな異常な事象からも不吉な前兆を引き出させてはならない。[★1]

★原注1：ある注釈者は著者の意味するところを以下のように述べている。「もし軍の占い師たちや、占星術者たちが幸運を予言したのであれば、彼らの判定に満足しておくがよい。もしあいまいな物言いであれば、善意に解釈しなさい。もし彼らが言いよどんでいたり、好ましいことを言わないのであれば、聞いてはならず、黙らせなければならない」。また他の注釈者はもっと短いが力強い方法で、孫子の考えであると彼が考えることを説明している。「何らかの現象が起きた場合には、占い師たちや占星術者たちに、幸運を予言させるのだ」。

そなたの軍隊を愛し、援助や優勢、兵士たちが必要とするあらゆる便利なものを彼らに与えることだ。もし彼らがひどい疲労を感じているのであれば、それは彼らが好んでしていることではないし、もし彼らが空腹に耐え忍んでいるのであれば、それは彼らが食べようと思わないからではない。また、彼らが死の危機に身をさらしているのであれば、それは決して彼らが生きたくないからではない。これらのことをそなた自身で真剣に省察するがよい。

そなたの軍にあらゆるものを用意し、そなたの命令をすべて下したときに、のんびりと座っていたそなたの軍隊が苦悩の表情を浮かべ、ときに涙を流しまでしたら、彼らを活気がなく無気力な状態から素早く引き出し、ごちそうを与え、太鼓や軍隊の楽器の音を聞かせ、鍛え、移動させ、場所を変えさせ、彼らが働き、苦しまざるをえない適度の難所まで連れていくのだ。専諸や曹劌[★2]の振る舞いをまねれば、そなたは兵士たちの心を変え、労役に慣れさせることができ、彼らは労役に強くなり、最後には何事にも辛そうにすることがなくなるだろう。馬は荷を積みすぎると後脚を蹴って逆らい、強制されると役に立たなくなる。逆に鳥をよく用いるためには、強制することが必要である。人はその中間であり、荷を負わせる必要はあるが、押しつぶしてはならないし、強制する必要もあるが、慎みや限度をもたなければならない。

★原注2：専諸と曹劌は、歴史書においてしばしば述べられているその策略や残酷さ以外にあまり推奨に値する人物ではなかった。前者は浙江にある呉王国の者であり、後者は山東にある魯王国の者である。私は孫子がなぜ彼が養成しようとしている将軍たちに、このような人物をモデルとして提案したのかわからない。孫子が将軍たちに彼らの振る舞いにならうことを勧めるからには、何かほのめかしたい行いが彼らの人生においてあったのかもしれない。

［解説］

一般的な日本語訳では、全体を通して「部下を絶体絶命の窮地に追い込めば、一致団結して、死力を尽くして戦うようになる」という文脈で解釈している。このため、原文にある「死且不北」は「兵士は逃げ出すことができないから命がけで戦わざるをえなくなる」という訳になる。

一方、アミオ訳では文章ごとに解釈の文脈を変えている。この部分では「どこへ行けばよいのか、またどちらの方向へ向かえばいいのかもわからないという状況」での対処法として解釈するので、「死且不北」は「そういう場合は何事も急がずに、ただ好機を待って、そなたがいる場所から動かないことだ」という訳になる。

また、アミオは以後の部分では、「危機的な状況に自軍が追い落とされたときに、いかに振る舞うか」「危機に陥っても崩れないための事前の訓練」という観点から解釈している。

さらに、原文の「吾士無余財、非悪貨也、無余命、非悪寿也」という部分、一般的な日本語訳では「(絶体絶命の窮地に追い落とされるから)人びとは財産や命を顧みず戦うようになる」という解釈で訳されている。一方アミオは、そこまでの窮地に自軍を追い込まないようにしつつ(ごちそうを与え、太鼓や軍隊の楽器の音を聞かせ)、適度な危機を与えて(彼らが働き、苦しまざるをえない適度の難所まで連れていく)、戦わせよと説く。一般の感覚からすれば、「自軍を絶体絶命の窮地に追い落としてしまう」というのは不可解な行為であり、この点だけからいえば、アミオ訳のように解釈されてもおかしくはない。

●【原文】
故善用兵者、譬如率然。率然者常山之蛇也。撃其首則尾至、撃其尾則首至、撃其中則首尾倶至。敢問、兵可使如率然乎。曰、可。夫呉人与越人相悪也、当其同舟而済遇風、其相救也、如左右手。是故方馬埋輪、未足恃也。斉勇若一、政之道也。剛柔皆得、地之理也。故善用兵者、携手若使一人。不得已也。

〔一般的な日本語訳〕

戦上手の戦い方は、たとえば「率然《そつぜん》」のようなものである。「率然」とは常山《じょうざん》の蛇のことだ。常山の蛇は、頭を打てば尾が襲いかかってくる。尾を打てば頭が襲いかかってくる。胴を打てば頭と尾が襲いかかってくる。

では、軍を常山の蛇のように動かすことができるのか。

もちろん、それは可能である。

呉と越とはもともと仇敵同士であるが、たまたま両国の人間が同じ舟に乗り合わせ、暴風にあって舟が危ないとなれば、左右の手のように一致協力して助け合うはずだ。それには、馬をつなぎ、車を埋めて、陣固めするだけでは、十分ではない。全軍を打って一丸とするには、政治指導が必要である。勇者にも弱者にも、持てる力を発揮させるためには、地の利を得なければならない。

戦上手は、あたかも一人の人間を動かすように、全軍を一つにまとめて自由自在に動かすことができる。それはほかでもない、そうならざるを得ないように仕向けるからである。

［アミオ訳］

もしそなたがそなたの軍をよく活用したいのであれば、もし彼らに無敵となってほしいのであれば、彼らを卒然のようにすることだ。卒然は常山[★1]の山にいる巨大な蛇の一種である。この蛇は頭を叩くと、すぐに尻尾が助けに行く。つまり、尻尾が頭まで曲がってくるのだ。そして尻尾を叩くと、頭が尻尾を守るためにもうそこにある。また、胴体の真ん中やほかの部分を叩くと、頭と尻尾がすぐにそこに集ってくる。しかし、そんなことが軍において、もっといえば誰かにおいて、実行可能なのだろうか？　答えはイエスだ。それは可能であり、当然そうあるべきであり、そうさせなければならない。

★原注1：常山は山東にある有名な山であるが、ここではこの山東の山のことを言っている。というのも、同じ名前の山が他の地方にもあるからだ。

呉王国の数名の兵士がある日、越王国[★2]の兵と同じ時にある川を渡ることとなった。烈風が吹き、小船は転覆したが、もし彼らが互いに助け合わなければ、みな死んでしまったであろう。そこで彼らは互いを敵同士とは考えず、反対に、愛情深い本物の友情においてしか普通は期待できないような役目をみなが担ったのである。私がこの歴史の一頁をここで取り上げたのは、そなたの軍のおのおのの部隊が互いに助け合うべきであるということだけではなく、そなたの同盟国を助けたり、助けを必要としている征服された民に手を差し伸べたりもするべきであることを理解してもらうためである。というのも、もし彼らがそなたに服従したとしても、それは彼らが、ほかにやりようがなかったからであり、もし彼らの君主がそなたに宣戦を布告したとしても、それは彼らの過ちではない。彼らに助力をしておけば、彼らにもそなたに同様のことをする番がまわってくるであろう。

★原注2：越王国は浙江、富春、江西の一部を占めていた。呉王国については前で触れている。

どんな国にいようとも、また、そなたが占拠している場所がどんなところであろうとも、もしそなたの軍隊の中に他国の者がいたならば、もしくは兵隊の数を増やすために征服民からも兵士を選抜したのであれば、兵士たちが所属している部隊において、外部からの兵士がそなたの正規の兵士よりも強力になったり、多勢になったりすることを決して容認してはならない。一つの杭に複数の馬を繋ぐときに、飼いならされていない馬をすべて一緒にしたりしないよう、もしくはそれより少数の飼いならされた馬と一緒に繋がないように人は気をつける。無秩序となってしまうからだ。しかし、飼いならされてしまえば、いとも簡単に多勢に従うのだ。

[解説]

一般的な日本語訳では、全体を「組織を『率然』のように有機的に動かすことができるのか→できる、組織内の人間に危機感を共有させればよい」と続けて解釈する。一方アミオ訳は、段落の部分で内容が二つに分かれていて、後段を前段の実現方法とはとらえていない。

後段の「呉越同舟」の四字熟語で有名な部分、一般的には「危機を前にすれば、敵対する者同士でも一致団結できる」といった意味ととるが、アミオ訳では原文を呉や越という国名を字義どおりにとって、「自国ばかりでなく、同盟国や、征服された民にも助力せよ」と解釈している。

また、原文にある「方馬埋輪」を、一般的な日本語訳では「築営するさいの作業」として解釈している。一方アミオは、「自軍のなかに他国や征服民の兵士を入れる場合の心得」という文脈における「飼いならされた馬とそうでない馬を一緒に繋ぐか否か」の比喩としてとらえている。

また、アミオ訳の注に出てくる地名Koang-siは、仮に江西と訳したが、他の訳文で江西はKiang-siとなっている。誤植なのか別地名なのか判然とせず、識者の指摘を俟ちたい。

●〔原文〕

将軍之事、静以幽、正以治。能愚士卒之耳目、使之無知。易其事、革其謀、使人無識。易其居、迂其途、使人不得慮。帥与之期、如登高而去其梯。帥与之深入諸侯之地、而発其機、焚舟破釜、若駆群羊。駆而往、駆而来、莫知所之。聚三軍之衆、投之於険、此謂将軍之事也。九地之変、屈伸之利、人情之理、不可不察。

〔一般的な日本語訳〕

軍を統率するにあたっては、あくまでも冷静かつ厳正な態度で臨まなければならない。兵士には作戦計画を知らせる必要はないのである。戦略戦術の変更についてはもちろん、軍の移動、迂回路の選択等についても、兵士にそのねらいを知られてはならない。

いったん任務を授けたら、二階にあげてはしごをはずしてしまうように、退路を断ってしまうことだ。敵の領内に深く進攻したら、弦をはなれた矢のように進み、舟を焼き、釜をこわして、兵士に生還をあきらめさせ、羊を追うように存分に動かすことだ。しかも兵士には、どこへ向かっているのか、まったくわからない。

このように全軍を絶体絶命の境地に追いこんで死戦させる――これが将帥の任務である。

したがって、将帥は、九地の区別、進退の判断、人情の機微について、慎重に配慮しなければならない。

［アミオ訳］

どんな陣地を得ることができたとしても、もしそなたの軍隊が敵の軍隊より劣っているならば、彼らを勝利に導くことができるのは——もちろんそれが優れたものであることが前提だが——そなたの指揮のみである。もしそなたのいる場所から有利さを引き出す方法を知らなかったとしたら、有利な土地を占領してもそなたの何の役に立とう？　慎重さのない勇猛さや、策略のない勇気は何の役に立とう？　優れた将軍というものはあらゆることから有利さを引き出すが、あらゆる指令を最大限、秘密裏に出す。このため将軍は冷静さを保ち、公明正大に統率しているにもかかわらず、その統率する軍隊は耳を騙され、目は眩まされていることになる。こうでなければ、すべてから有利さを引き出すことはできない。つまり、軍隊では、兵士たちがすべきことも、どのような指令を受けるかも決してわからないようにしなければならない。もし情勢が変わったのなら、将軍が指揮を変える。もしやり方や理論体系に難点があれば、将軍が望む時に、その望むように好きなだけ修正すればよい。もし味方の軍自体がその計画を知らないのであれば、どうやって敵軍がそれを見抜くことができよう？

優れた将軍というのは、あらかじめやるべきことはすべてやっておく。一方で、彼以外の者は誰もそのことを全く知らずにいなければならない。これが、卓越した統治の手法において最も優れていた、われわれの先輩たる古の軍人のやり方である。一つの都市を攻め落としたければ、城壁の下に来るまでそのことについては話さなかった。彼らが最初に登ると、みなが後に従った。みなが城壁の上に登りきると、すべてのはしごを取り外した。同盟国の領地内深くにいるのであれば、注意に注意を重ね、秘密事項を増やした。羊飼いが群れを導くように、あらゆるところへ軍隊を導いた。彼らの望むところへ軍隊を向かわせ、引き返させ、再び向かわせるというようなことを、誰一人の不満も抵抗も起こさずに行わせた。

将軍の主たる戦術は、時宜にあわせて九変できるように、九種の地をよく知ることにある。また、土地や状況にあわせて軍隊を展開させたり、退却させせられることや、自身の本来の意図を隠し、敵のそれを暴くことに効果的に努力を傾けることとや、次のような確固たる金言を持っていることにある。軍隊は敵地深くにいるときに強く結束するものであり、逆にまだ国境付近にとどまっている間だと、簡単に分断され、離散してしまうこと。自軍が野営を張らなければならない場所のみでなく、敵の野営の近辺についても、それらへ通ずる路をすべて占拠したのであれば、半ば勝利を手に入れたようなものであること。広大で広々とし、四方が囲まれていない地に野営をはれることは成功の始まりであること。しかし一方で、敵の領地内であっても、あらゆる小さな持ち場も、あらゆる道も、四方に何もない孤立した村々も占拠し、その礼儀正しさによって、征服しようとしている、あるいはすでに征服した村人の情を勝ち取っていれば、これもほぼ征服に成功したようなものであること。

【解説】

一般的な日本語訳では、情報を隠すのは、それによって部下たちを絶体絶命の窮地に追い込み、死ぬ気で戦わせるためだと考える。

一方アミオ訳では、情報を隠すのは、自軍の有利さを引き出すためだとしていて、微妙にニュアンスが異なっている。確かに原文は「聚三軍之衆、投之於険」とあるだけで、それによって勢いに乗せるとか、死ぬ気で戦わせるといった記述はない。アミオ訳では、この部分を、単に「彼らの望むところへ軍隊を向かわせ、引き返させ、再び向かわせる」と訳す。字義通りに、何も加えずに訳せば、これでもおかしくはない。

●【原文】

凡為客之道、深則専、浅則散。去国越境而師者、絶地也。四達者、衢地也。入深者、重地也。入浅者、軽地也。背固前隘者、囲地也。無所往者、死地也。是故散地吾将一其志。軽地吾将使之属。争地吾将趨其後。交地吾将謹其守。衢地吾将固其結。重地吾将継其食。圮地吾将進其塗。囲地吾将塞其闕。死地吾将示之以不活。故兵之情、囲則禦、不得已則闘、過則従。

【一般的な日本語訳】

敵の領内に進攻した場合、奥深く進攻すれば味方の団結は強まるが、それほど深く進攻しないときは、団結に乱れを生じやすい。

国境を越えて進攻するということは、すなわち孤立した状態で戦うことである。そして、同じ敵の領内でも、道が四方に通じている所が「衢地《くち》」、奥深く進攻した所が「重地《ちょうち》」、それほど深く進攻しない所が「軽地《けいち》」、後ろに要害、前に隘路をひかえ、進退ともに困難な所が「囲地《いち》」、逃げ場のない所が「死地《しち》」である。

では、そのような地で戦うには、どのような配慮が必要とされるのか。

「散地」では、兵士の心を一つにまとめて団結を固めなければならない。

「軽地」では、部隊間の連携を密接にしなければならない。

「争地」では、急いで敵の背後に回らなければならない。

「交地」では、自重して守りを固めなければならない。

「衢地」では、諸外国との同盟関係を固めなければならない。

「重地」では、軍糧の調達をはからなければならない。

「圮地《ひち》」では、迅速に通過することを考えなければならない。

「囲地」では、みずから逃げ道をふさいで、兵士に決死の覚悟を固めさせなければならない。

「死地」では、戦う以外に生きる道がないことを全軍に示さなければならない。

もともと兵士の心理は、包囲されれば抵抗し、ほかに方法がないとわかれば必死で戦い、いよいよせっぱつまれば上の命令に従うものである。


【アミオ訳】

経験や、自分自身の省察に従い、私が軍を指揮していたときは、ここでそなたに話していることを、すべて実践に落とし込むよう努力をしていた。「分裂の地」にいるときは、心を一つにし、感情を合致させることに努めた。「軽い地」にいるときは、私の部下を集め、有効に仕事に従事させた。「争われうる地」については、可能であれば、私はまず一番にそこを占領し、敵に先を越されたときはその後につき、そこから立ち退かせるために数々の術策を駆使した。「集結の地」については、あらゆるものを非常な慎重さをもって監視し、敵の動きを予測した。「平らで一様な地」においては、ゆったりと過ごし、敵がゆったりと過ごすことは邪魔をした。「出口の多い地」では、出口すべてを占拠することが不可能であれば守りを固め、敵を近くから観察し、視界から消えないようにした。「重々しく、重要な地」では、兵に十分に食糧を与え、温情のかぎりを尽くした。「損傷し、破壊された地」では、あるときは迂回をしたり、あるときは空隙を通って障害物を回避することに傾注した。最後に「死の地」では、生き残ろうとは思っていないことを敵に示した。よく訓練された軍隊は、包囲されたままでいるようなことは決してない。極限のなかで力を倍増させ、恐れることなく危機に立ち向かい、力強く防御し、乱れることなく敵を追跡する。もしそなたが指揮する軍隊がこのようでなければ、それはそなたの過ちだ。そなたは彼らの長たるに値しないこととなる。

●〔原文〕

是故不知諸侯之謀者、不能予交。不知山林、険阻、沮沢之形者、不能行軍。不用郷導者、不能得地利。四五者、不知一、非覇王之兵也。夫覇王之兵、伐大国、則其衆不得聚。威加於敵、則其交不得合。是故不争天下之交、不養天下之権、信己之私、威加於敵。故其城可抜、其国可隳。施無法之賞、懸無政之令、犯三軍之衆、若使一人。犯之以事、勿告以言。犯之以利、勿告以害。投之亡地、然後存、陥之死地、然後生。夫衆陥於害、然後能為勝敗。故為兵之事、在於順詳敵之意、并敵一向、千里殺将。此謂巧能成事者也。

〔一般的な日本語訳〕

諸外国の出方を読みとっておかなければ、前もって外交方針を決定することができない。山林、険阻、沼沢などの地形を把握しておかなければ、軍を進攻させることができない。道案内を使わなければ、地の利を占めることができない。

これらのうち一つでも欠けば、もはや天下を制圧する覇王の軍とは言えないのである。このような覇王の軍がひとたび攻撃を加えれば、いかなる大国といえども、軍を動員するいとまもない状態に追いこまれるであろう。また、威圧を加えるだけで、相手国は外交関係の孤立を招くであろう。したがって、外交関係に腐心し、同盟国の援助をあてにするまでもなく、思いのままに相手を圧倒し、城を取り、国を破ることができるのである。

時には兵士に規定外の報奨金を与えたり、常識はずれの命令を下したりすることも考えられてよい。そうすれば、あたかも一人の人間を使うように全軍を動かすことができる。

兵士に任務を与えるさいには、説明は不必要である。有利な面だけを告げて、不利な面は伏せておかなければならない。

絶体絶命の窮地に追いこみ、死地に投入してこそ、はじめて活路が開ける。兵士というのは、危険な状態におかれてこそ、はじめて死力を尽くして戦うものだ。

作戦行動の要諦は、わざと敵のねらいにはまったふりをしながら、機をとらえて兵力を集中し、敵の一点に向けることである。そうすれば、千里の遠方に軍を送っても、敵の将軍を虜にすることができる。これこそ、まことの戦上手と言うべきである。

[アミオ訳]

もしそなたがこれから戦わなければならない敵の数を知らなければ、また彼らの強みと弱みを知らないのであれば、そなたの軍を指揮するために必要な準備や配置をすることは決してできないであろう。そなたは指揮するに値しないのだ。

もしそなたが山や丘、乾燥した地や湿った土地、険しい地や隘路の多い地形、沼地や危険にあふれる地形がどこにあるのかを知らなければ、適切な命令を下すこともできなければ、軍隊を導くこともできない。そなたは指揮をする者に値しないのだ。

もしそなたがあらゆる道を知らないのであれば、また、そなたが知らないルートを案内させるための確実で忠実なガイドを持つような入念さがなければ、予定した期日に到着することができず、敵の罠にはまることとなろう。そなたは指揮するに値しないのだ。

もしそなたが四と五を一度に組み合わせることができなければ[★1]、そなたの軍は「覇(Pa)」や「王（Ouang）[★2]」の軍と肩を並べることはないであろう。

「覇」や「王」の軍が大国の君主と戦を交えなければならなかったとき、彼らは団結し、宇宙全体[★3]を混乱に陥れようとした。彼らはできるだけ多くの人々を味方につけようとし、とりわけ隣国との友好関係を築くことに腐心した。そのために必要とあれば、高い代価を払うこともあった。敵には気づく時間も、ましてや同盟国に助けを求めたり、兵力を集める時間も与えなかった。敵がまだ防御の態勢に入っていないうちに、攻撃したのだ。彼らが町を攻囲すれば、確実にその町の支配者となった。いったん彼らが一つの国を征服することを欲すれば、その国は彼らのものとなった。始めにどれだけたくさんのアドバンテージを持っていようと、そこに安住することはなく、彼らの軍が怠惰によって軟弱になるようなことはなかった。彼らは厳格な規律を保持し、罰が必要な場合には厳しく罰し、褒賞が必要な場合には気前よくそれを与えた。戦時の通常のルールを超えて、時や場所の状況に応じた特別なものにルールを変えていった。成功したいか？　それならば、今そなたに示したことを、自身の指揮の手本とするがよい。そなたの軍を、そなたが使いこなすべく課せられた一人の人間のように考えるのだ。そなたの行動の仕方の理由を彼に決して説明してはならない。彼にはそなたの持つ、あらゆる有利な面を正確に知らせるが、そなたの損失はどんな些細なことでも細心の注意を払って隠さなければならない。そなたの進め方はすべて最大の秘密にしておくのだ。しかし一方で敵の手順はすべて日の下にさらす。敵側の将軍の身柄を確保できるように、最も有効な方策をとらなければならない。★4 生きていても死んでいても将軍をとらえるよう努めなければならない。決して力を分散させてはならない。それがどんなに大きくても、危険を目にしてくじけてはならない。勝利者となるか、さもなくば栄光に満ちて死ななければならない。

★原注1：ある注釈者は、これはつまり、「もしそなたが陥り得るさまざまな状況から有利さを引き出すことができなければ」という意味であるとしている。

★原注2：「覇（Pa）」や「王（Ouang）」という言葉は、王朝（l'Empire）の領主たちに与えられた称号であった。「帝（Ti）」は皇帝のみに与えられる称号であった。

★原注3：「宇宙」とは「王朝（l'Empire）」のことである。中国人は王朝のことを「天下（Tien-hia）」、「宇宙」もしくは「空の下にあるもの」と呼んでいたのである。

★原注4：原文は明白に「敵の将軍を殺させろ」と言っている。しかし、注釈者は表現を少し和らげている。そもそも、この金言はタタール系中国人において、今日においてもまだ影響を与えている。野営を築いたときから、彼らは敵隊の長を手中に収めようとする。武力によろうが策術によろうが、死んでいようが生きたままであろうが、捕らえようとするのだ。彼らがこの風習の口実としてあげる理由は、彼らの言うところの「私たちは反逆者でなければ決して戦わない」ということだ。皇帝のことを正当な君主として認めたがらない彼らの隣人すべてに、彼らは「反逆者」という名を与えた。

［解説］

原文にある「四五者」、曹操は「（四＋五＝九と計算して）九地のことだ」と注釈をつけている。またこの部分を「此三者」の誤記ではないかとして、原文を「此三者」と直しているテキストもある。この場合は、直前にある「諸外国の出方」「さまざまな地形」「道案内」の三つを指す。

アミオも、この部分は解釈しきれなかったようで、「四五者、不知一」を「もしそなたが四と五を一度に組み合わせることができなければ」と訳し、注にて「もしそなたが陥り得るさまざまな状況から有利さを引き出すことができなければ」という解釈を記している。

●

【原文】

是故政挙之日、夷関折符、無通其使、厲於廊廟之上、以誅其事。敵人開闔、必亟入之、先其所愛、微与之期、践墨随敵、以決戦事。是故始如処女、敵人開戸、後如脱兎、敵不及拒。


【一般的な日本語訳】

いよいよ開戦というときには、まず関所を閉鎖して通行証を廃棄し、使者の往来を禁ずるとともに、廟堂では、軍議をこらして作戦計画を決定する。もし敵につけ入る隙があれば、速やかに進攻し、あくまでも隠密裡に、敵のもっとも重視している所に先制攻撃をかける。そして、敵の出方に応じて随時、作戦計画に修正を加えて行く。

要するに、最初は処女のように振る舞って敵の油断をさそうことだ。そこを脱兎のごとき勢いで攻めたてれば、敵はどう頑張ったところで防ぎきることはできない。

【アミオ訳】

そなたの軍が国境を越えたらすぐに、道を閉鎖させ、そなたの手のなかにある印影の一部を破るのだ。[★1]人々が便りを書いたり、受け取ったりすることを容認してはならない。[★2]先祖を敬うための場所で会議を招集し、[★3]そこでみなの面前において、彼らに恥が及ぶようなことは何一つしないつもりであることを彼らに明言するのだ。それから敵に向かって行くがよい。

★原注1：将軍たちは王朝（l'Empire）の数個ある印の一つの印影の半分を手に持っていた。残りの半分は、君主や大臣が持っていたのだ。彼らが命令書を受ける際、この命令書は印が半分しか押されておらず、これは彼らの持つ残りの半分と合体するようになっている。こうしてだまされないよう保証を得ていた。しかし、この半分の印影がひと度破かれたり破棄されたりすると、それ以上、君主からの命令を受け取る必要はなかった。しばしば国の利益や、君主の本当の意図と反するような命令書によって不都合が生じたことが、このような習慣を余儀なくさせていた。聡明なる君主によって選ばれた将軍は、信頼に値する人物であると考えられていた。彼らが言うには、将軍は目的に達するために彼にできることのすべてをすると考えられているのである。それが将軍自身なのか、彼の密使なのかにかかわらず、現場に立ち、すべてを見て、すべてのことを行う。したがって、物事を正しく判断するにおいては、もしかしたら宮廷から一度も外へ出たことがなく、しばしば君主や国の利益とは異なる利害関係を持っている大臣よりも将軍のほうが相応しいと、人々は当然考えられるのである。これが中国人の論理なのである。

★原注2：中国の政策として非常に重要であると考えられているもう一つの行動指針は、軍隊に所属している者たちは、両親や友人に目の前で起こっていることを少しも書いてはならないということである。それによって将軍たちは、彼らが望むことを、彼らが適当と思うときに君主に宛てて書き伝えられるような組織の統制を行っている。それによって将軍たちは、しばしば尉官によって事情を把握せずに行われた、君主への装われた偽りの報告によって、彼らの評判が損なわれる危険にさらされることもない。何せ尉官たちというのは、将軍たちが決して持ちえないような意図や、考えたこともないようなまったく練られていない計画、そして想像のなかでしか現実味を持たないような振る舞いを、将軍らのものとみなしている。すべての将軍たちはじかに皇帝と手紙のやり取りをする権利を与えられている。時期や状況によっては、それが義務であることさえある。知らせるべき出来事や、宮廷まで伝えなければならない情報があるときは、言うべきことを黙っておかないように、また隠すべきことを言わないようにするため、前もって彼らの間でとるべき態度を合致させている。しかし重要な事柄において、彼らの支配者をだますことに全員が合意するのは非常に困難であり、したがって、皇帝はほぼ真実に触れていると考えるのが妥当である。しかし、軍の外部でそれを知っている者は皇帝しかいないため、彼が適切と判断したことしか一般民衆に伝わることはない。状況に従い、多かれ少なかれ好ましいように情報を作り変えさせている。そして、臣下の目前で自画自賛する夢想のような成功について、公子たちや高官、王朝（l'Empire）の主要な官僚たちに自らを称賛させている。そして、それらのことが、その治世の歴史における一日の資料として、史実の記録に挿み込まれている。もし数度の戦いの後に軍が勝利をおさめたときは、細部まで知らされた成功がいつまでも伝えられる。彼は講和し、または彼らの言い方を借りれば、征服した人々を許し、彼らを手なずけるために施しをし、不可侵で永遠の服従を彼らに約束させる。もし反対に、彼の軍隊が征服されたときは、将軍たちが期待を裏切ったと言って、数人の首を落とすだけですませる。また、過去の損失を回復するために、かなりの大金を持たせて新たな将軍らを送り込むのだ。そして戦いののち、すべてが制圧され、すべての秩序が再びもとにもどる。これらすべての秘密は、陛下の内密な会議に出席する数人の高官しか知らず、王朝の残りの者たちは常に、中国を治める偉大なる主は、世界の残りを征服するにはそう望むだけでよいと信じ込まされている。将校や兵士たちは帰還すれば報奨を与えられ、人々からは英雄のように誉めそやされ、称賛者たちに反論を唱えることなど考えにも浮かばないのだ。このようなことが今日中国で実践されている政策である。これはかつても同じであったのだろうか？　そのような見込みは非常に高い。しかしながら、保証できることではない。

★原注3：中国の慣習では、昔においても現代においても、各家に祖先を敬うための場所がある。公子、高官、官僚、そしてすべての裕福で、たくさんの部屋を持っている人々の家においては、それは一種の家の礼拝堂のようなものである。そこには、一族の始祖から最も新しい物故者まですべての祖先、もしくは他の者を代表して一族の始祖のみの肖像画や位牌が置かれている。この礼拝堂もしくは広間は、決して他のことには使用されない。慣習の儀式を行うときだけ、家族がみなそこへ集まるのだ。また、何か重要な計画があるときや、恩恵を受けたとき、もしくは不幸を被ったときはその都度、言わば祖先に報告するため、訪れた幸運や不幸を彼らに知らせるために、そこへやってくるのである。貧しく、今生きている人々が住むのに必要な部屋しかない家では、内側の部屋の奥まったところに、例え複数の位牌を持っていても、祖先を象徴するとされる位牌のみを置くことでこと足らしている。彼らはこれを敬い、先に述べたような儀式をこの前で行うのである。昔の中国人の野営や軍においては、将軍はテントの中もしくはテントの近くに、祖先の位牌のための場所を設けていた。将軍は将官の先頭に立って、1 野戦を開始するとき、2 ある場所の包囲を開始したとき、3 戦いの前夜において、つまり、何か大きな行動を起こすことがあるときは必ずそこへ赴いた。そこでは跪拝《きはい》や他の儀式ののち、まさに降りかかって来ようとしている出来事についての報告をしたり、意見を述べたりした。そして名誉や国の栄光と利益に反するようなことは決してしないこと、命を与えてくれた彼らの子孫たるに相応しい態度を示すために何一つ蔑ろにしないことを大声で明言した。軍の各隊長は自らが指揮する兵たちの先頭に立ち、それぞれの持ち場において同じことをしたのである。中国人が軍隊の宣誓と呼んでいるのはこの儀式のことかもしれない。これについては次章で述べることにする。

野戦場が始まる前は、家から出たことのない若い娘のようであることだ。家事に従事し、あらゆることを準備する気配りを持ち、すべてを見て、すべてを聞いて、すべてのことを行う。うわべでは、何事にも関わりを持たないのだ。しかし、一度開戦したならば、いくつもの道を通って、安全に身を隠すためのねぐらにたどり着こうとする、猟師に追われる野うさぎのような素早さを持つことである。

［解説］

最後の部分、日本でもよく知られる「始めは処女の如く後は脱兎の如し」の出典となった部分。一般には、「最初は弱々しく見せかけて相手を油断させ、後で一気に攻撃する」という意味で使われている。「処女」とは結婚前の実家にいる女性のこと。

一方アミオ訳は、「処女の如く」を「嫁入り前の若い女性は、あらゆることを準備する気配りを持ち、すべてを見て、すべてを聞いて、すべてのことを行う。うわべでは、何事にも関わりを持たない」と、用心深いが、賢い女性像として解釈する。

第12章 火を用いた戦法の概要（火攻）

●

【原文】

孫子曰、凡火攻有五。一曰火人、二曰火積、三曰火輜、四曰火庫、五曰火隊。行火必有因。煙火必素具。発火有時、起火有日。時者天之燥也。日者月在箕壁翼軫也。凡此四宿者、風起之日也。

【一般的な日本語訳】

火攻めには、次の五つのねらいがある。

一、人馬を焼く

二、軍糧を焼く

三、輜重《しちょう》を焼く

四、倉庫を焼く
五、屯営を焼く
いずれの場合でも、火攻めを行うには、一定の条件が満たされなければならない。また、発火器具などもあらかじめ備えつけておかなければならない。
火攻めには、決行に適した時期というものがある。すなわち、空気が乾燥し、月が箕《き》、壁《へき》、翼《よく》、軫《しん》（いずれも星座の名）にかかるときこそ、まさにその時だ。なぜなら、月がこれらの星座にかかるときには、必ず風が吹き起こるからである。

［アミオ訳］

孫子は言った、
火を用いた戦法はさまざまあるが、およそ五つに集約される。一つめは、人を焼くものである。二つめは、食糧を焼くものである。三つめは、軍用荷物を焼くものである。四つめは、倉庫を焼くものである。五つめはその戦いの装備一式を焼くものである。[★1]

★原注1：注釈者は、火を用いた五つの戦法についてこのように説明している。一つめは、敵のいるあらゆる場所に火を放つものである。たとえば、野営であったり、村であったり、野戦場であったり、およそ敵が救援を求められるすべての場所である。二つめは「食糧を焼くもの」であるが、食糧とはつまり、牧草、野菜、その他人間の食料となるもの、飼い葉や穀物など、馬やその他荷物運搬用動物のエサとなるものである。三つめは「軍用荷物を焼くもの」であるが、つまり、荷車、お金、家財道具などを焼くものである。四つめは、「倉庫を焼くもの」であるが、つまり、すべての穀物の山を焼くものである。五つめは、「戦いの装備一式を焼くもの」であるが、つまり、馬、雄ラバ、武器、軍旗などを焼くものである。

このような戦いを仕掛ける前には、すべてを予見し、敵の位置を認識し、敵が逃れたり、救援を受けたりできるすべての道を把握しつくし、計画を実行するために必要なことを身につけ、なおかつ、時と状況が有利でなければならない。

まず、そなたが利用しようと考えるあらゆる可燃材[★2]を用意しなければならない。火を点けたら、すぐさま煙に注意しなければならない。火を点けるにはその時があり、そして、一度火を大きくするにはその日がある。この二つを混同するようなことがあってはならない。火を点ける時とは、空が完全に穏やかで、その穏やかさが持続するように見えるときである。火を大きくする日とは、月が、箕、壁、翼、軫の四つの星座の一つにかかる日のことである[★3]。

★原注2：注釈者は、この可燃材とは、黒色火薬、油、油脂や、ヨモギ、イグサ、その他似たような枯草であると説明している。

★原注3：中国の星座の一つである「箕」は四つの星からなり、一つめは射手座の足にあたる星であり、次の二つはその弓にあるδ（デルタ星）、ε（カウス・アウストラリス）にあたり、四つめは矢の南端（訳注：この矢は実際には東西を向いている。上のεはカウス・アウストラリアスとあるように、「弓の南」という意味なので、こちらの説明が入りこんでしまった可能性がある）のγ（ガンマ星）にあたる。「壁」は二つの星が主体となっており、一つはアンドロメダ星の先端にあたり、もう一つはペガスス座の南翼の末端にあたる。「翼」は二十二の星からなり、これらはコップ座やうみへび座の星にあたる。「軫」は四つの星からなり、一つはカラス座の南翼、二つめは脚、三つめはくちばし、四つめは北翼の前方部分にあたる。孫子の注釈者は、月がこれら四つの星座の一つのもとにあるときは、常に風が吹くと説明している。彼らの国ではこれは本当なのかもしれない。

その時に風がまったく吹かないことはまれであり、力強い風が吹くことが多い。

［解説］

一般的な日本語訳では、発火のタイミングの記述に関して、「空気が乾燥していて、しかも月が箕、壁、翼、軫にかかるときには風が吹くから、そのときに」とひとまとめにして解釈する。

一方、アミオ訳では、原文に「発火有時、起火有日」とあるのを受け、「時」と「日」の二つを分けて、混同するなと説く。すなわち発火の時とは、「空の穏やかさが持続する時（つまり雨が降らないとき）」、発火の日とは「（風が吹くタイミングを示す）月が箕、壁、翼、軫にかかるとき」とする。

●

［原文］

凡火攻、必因五火之変而応之。火発於内、則早応之於外。火発兵静者、待而勿攻。極其火力、可従而従之、不可従而止。火可発於外、無待於内、以時発之。火発上風、無攻下風。昼風久、夜風止。凡軍必知有五火之変、以数守之。

［一般的な日本語訳］

火攻めにさいしては、その時々の情況に応じて臨機応変の処置をとらなければならない。

敵陣に火の手があがったときは、外側からすばやく呼応して攻撃をかける。

火の手があがっても敵陣が静まりかえっているときは、攻撃を見合わせてそのまま待機し、火勢を見きわめたうえで、攻撃すべきかどうかを判断する。

敵陣の外側から火を放つことが可能なときは、敵の内応を待つまでもなく、好機をとらえて火を放つ。

風上に火の手があがったときは、風下から攻撃をかけてはならない。

昼間の風は持続するが、夜の風はすぐに止む。このことにも十分な留意が望まれる。戦争を行うには、火攻めの方法を把握したうえで、以上の条件に応じてそれを活用することが大切である。

[アミオ訳]

火を用いた五つの戦法では、さまざまな状況に応じた行動が、そなたに要求される。この状況に応じた行動のパターンは五つに集約される。場面に応じて行動できるように、これからその五つのパターンを示すこととする。

1　火を点けた後、少し経っても敵陣において何らざわめきもなく、すべてが静まりかえっているのであれば、そなた自身も静寂を保ち、何ら行動を起こしてはならない。不用意に攻撃を仕掛けることは、自ら打ち負かされに行くようなものである。火が点いたことを知ることができれば、それで十分である。待ちながら、敵がひそかに行動を起こしていることも想定しなければならない。敵の企みによる結果はそなたにとって致命的ともなろう。火が敵陣内で点いているのであれば、火が広がり、その火の粉が見えるのを待っていれば、逃げるのに精一杯な人々を待ち受けることもできる。

2　火を点けたのち、わずかな時間で火が旋風によって高く上がることがあれば、敵にそれを消す猶予を与えてはならない。火を煽る要員を送り、すばやくあらゆるものを配置し、戦いを急ぐ必要がある。

3　そなたがとり得るあらゆる方策や術策をもってしても、敵の陣営内に潜り込むことができず、外からしか火を点けることがかなわぬ場合は、どちら側から風が来ているかを観察するのだ。火事を起こすのはこの風が来る側であり、そなたが攻撃をするのも同じ側からでなければならない。上に述べたような場合においては、決して風下で戦ってはならない。

4　日中、風がとぎれることなく吹いたとしたら、夜に風が止む時が来るのは確実なことと考えてよい。そのことについても用心し、準備を整えておかなければならない。

5　敵と戦うために、火を常に時宜を得て用いさせる将軍は、真に見識のある人物である。

［解説］

原文の冒頭「凡火攻、必因五火之変而応之」とあるように、ここでは火攻めの五つのパターンが描かれているが、一般的な日本語訳とアミオ訳とで、そのパターン分けが異なっている。一般的な日本語訳では、「凡火攻、必因五火之変而応之（火攻めにさいしては、その時々の情況に応じて臨機応変の処置をとらなければならない）」のあとに、

①　火発於内、則早応之於外。

②火発兵静者、待而勿攻。極其火力、可従而従之、不可従而止。
③火可発於外、無待於内、以時発之。
④火発上風、無攻下風。
⑤昼風久、夜風止。
そして締めに「凡軍必知有五火之変、以数守之（戦争を行うには、火攻めの方法を把握したうえで、以上の条件に応じてそれを活用することが大切である）」という文章が来る。一方アミオ訳では、やはり「凡火攻、必因五火之変而応之」の後が、
②火発於内、則早応之於外。
①火発兵静者、待而勿攻。極其火力、可従而従之、不可従而止。
③火可発於外、無待於内、以時発之。火発上風、無攻下風。
④昼風久、夜風止。
⑤凡軍必知有五火之変、以数守之
となっている。

●〔原文〕
故以火佐攻者明。以水佐攻者強。水可以絶、不可以奪。

〔一般的な日本語訳〕

火攻めは、水攻めとともに、きわめて有効な攻撃手段である。だが、水攻めは、火攻めと違って、敵の補給を絶つだけにとどまり、敵がすでに蓄えている物資に損害を与えるまでには至らない。

〔アミオ訳〕

同じ目的で水を使わせる将軍は優れた人物である。★1

★原注1：ここで孫子が何を意図して水について述べているのか私にはよくわからない。注釈者は意図を明確にするどころか、一層混乱させているだけである。たとえば、敵の食糧は決して浸水させてはならないし、同様に敵そのものを水攻めにしてはならないと説明している。しかしそのうえで、いくつかの例を引き合いにだしており、特に彼らの国の将軍のひとりによってなされた水攻めについて述べているが、これにより数々の会戦によってはなし得なかったほど多くの人々を、一回の水攻めで滅ぼすことができたとしているのである。

しかしながら、水は控えめに用いなければならない。また、迅速に使用しなければならない。水は、敵が逃亡したり、救援を受けたりすることができる道を断つような場合にだけ使うとよい。

【原文】

夫戦勝攻取、而不修其功者、凶。命曰費留。故曰明主慮之、良将修之。非利不動、非得不用、非危不戦。主不可以怒而興師、将不可以慍而致戦。合於利而動、不合於利而止。怒可以復喜、慍可以復悦、亡国不可以復存、死者不可以復生。故明主慎之、良将警之。此安国全軍之道也。

【一般的な日本語訳】

敵を攻め破り、敵城を奪取しても、戦争目的を達成できなければ、結果は失敗である。これを「費留《ひりゅう》」——骨折り損のくたびれ儲けという。それ故、名君名将はつねに慎重な態度で戦争目的の達成につとめる。かれらは、有利な情況、必勝の態勢でなければ、作戦行動を起こさず、万やむをえざる場合でなければ、軍事行動に乗り出さない。

およそ王たる者、将たる者は怒りにまかせて軍事行動を起こしてはならぬ。情況が有利であれば行動を起こし、不利とみたら中止すべきである。怒りは、時がたてば喜びにも変わるだろう。だが、国は亡んでしまえばそれでおしまいであり、人は死んでしまえば二度と生きかえらないのだ。

それ故、名君名将はいやがうえにも慎重な態度で戦争に臨む。そうあってこそ、国の安全が保障され、軍の威力が発揮されるのである。

［アミオ訳］

ここまでに示した火を用いたさまざまな戦法は、完全な勝利をもたらすが、そなたはそこから成果を引き出せなければならない。最も重要なことは、抜きん出ていたであろう者たちの価値を認識することであり、それなくしては戦いの努力も骨折り損となってしまう。つまり、計画の成功に寄与したであろう割合に応じて、その者たちに褒美を与えることが重要である。人というものは通常、利益によって自らの行動を決するものである。★1

★原注1：この格言は、著者が生きたこの国ではあらゆることにおいて真実である。しかし、ヨーロッパでもまったく同じことが言えるとは思わない。この地では名声に対する欲のみでは、凡庸な軍人しか生み出さないが、われわれの地では英雄を生み出すのである。

もしそなたの軍が軍務において、労力や苦痛しか見出せないのであれば、そなたは、再び彼らを有利に雇うことはできないであろう。

戦争をすることは一般に、また本来的に悪いことである。必要性がなければ着手してはならない。戦いは、それがどんな性質のものであろうと、勝者自身にとっても常に害悪をもたらすのである。他に戦うすべがないであろう場合以外に、戦いの火蓋を切ってはならない。

君主が怒りもしくは復讐の念にかられているときは、決して部隊を招集するようなことがあってはならない。将軍が同様の感情を抱いているときにも、決して戦いを始めてはならない。どちらにしても、時宜にかなってはいない。冷静に決心したり、実行したりできる日を待つ必要がある。

もしそなたが行動を起こすことに有利さを見出すことができるのであれば、そなたの軍隊を動かせばよい。もし有利な点が何も見出せないのであれば、行動を起こさずいるのがよい。怒りを抱く正当な理由があろうとも、挑発されたり、侮辱を受けたりしようとも、方針を決定するためには怒りの炎が消え去り、平穏な気持ちで心が満たされるのを待たなければならない。戦争遂行の意図は、国家に栄光、繁栄、平和をもたらすことになくてはならず、動揺や無秩序、混乱に陥れるものであってはならないことを決して忘れてはならない。そなたが守るべきものは国の利益であり、そなた個人の利益ではない。そなたの美徳と悪徳、長所と短所がそなたの行いすべてに同等に反映される。そなたのささいな失敗は必ず重大な結果を招き、大きな失敗はしばしば取り返しがつかず、つねに致命的となる。滅亡へと傾かせてしまった王国を維持することは困難であり、一度消滅してしまえば、再建は不可能である。★2

★原注2：著者はここでは、王朝（les dynasties）のことを述べている。新たな征服者が、王座を奪われた者の一族をすべて絶やしてしまうのが常であるため、王朝が一度消滅してしまえば、再興することはないのである。

死者をよみがえらせることはできない。思慮深く、見識のある君主が平穏に統治することに細心の注意を払うのと同様に、敏腕な将軍は良き軍を形成し、国の栄光、優越、そして幸福のために軍を動かすのに何ひとつ怠ることはないのである。

[解説]

冒頭部分、一般的な日本語訳では「夫戦勝攻取、而不修其功者、凶。命曰費留。故曰明主慮之、良将修之。非利不動、非得不用、非危不戦」までを一まとまりとし、戦争で勝ったとしても、それが自国の生き残りや、利益につながらなければ意味がないので、有利な情況（利）や必勝の態勢（得）、危機に陥ったとき（危）以外は軍事行動を起こすな、という意味にとる。

一方、アミオ訳では、「夫戦勝攻取、而不修其功者、凶。命曰費留。故曰明主慮之、良将修之」までの部分を、戦いで成果を上げげた者の功績を、きちんと認識することが重要という内容、「非利不動、非得不用」を、軍務から得るものが少なければ、そうした優秀な者を再雇用できないという内容、「非危不戦」は後の文章につなげて、戦争は慎重に行うべきだという形で解釈している。

また、原注に「新たな征服者が、王座を奪われた者の一族をすべて絶やしてしまうのが常である」とあるが、これはそうとは限らない。中国の古代、祖先への祭祀を行う場合、祖先は血のつながった子孫のお供え物しか食べられず（これを血食という）、お供え物が途絶えると「厲鬼《れいき》」と呼ばれる鬼となり、祟ると恐れられていた。このため祭祀を続ける子孫は必ず必要で、根絶やしにしないのが一般的であった。

この火攻篇の終結部分は、『孫子』全編の結論に当たると考えられている。この結論部分の後に、さらに「用間篇」が続くのは「用間篇」の内容が特殊だから、などと今まで解釈されてきた。しかし一九七二年に銀雀山漢墓から発見された『孫子』の竹簡のなかに、篇目を記した木牘があり、そこでは火攻篇が十三篇目に配当されていて、もとの形は火攻篇が最後になっていた可能性が高いともいわれている。

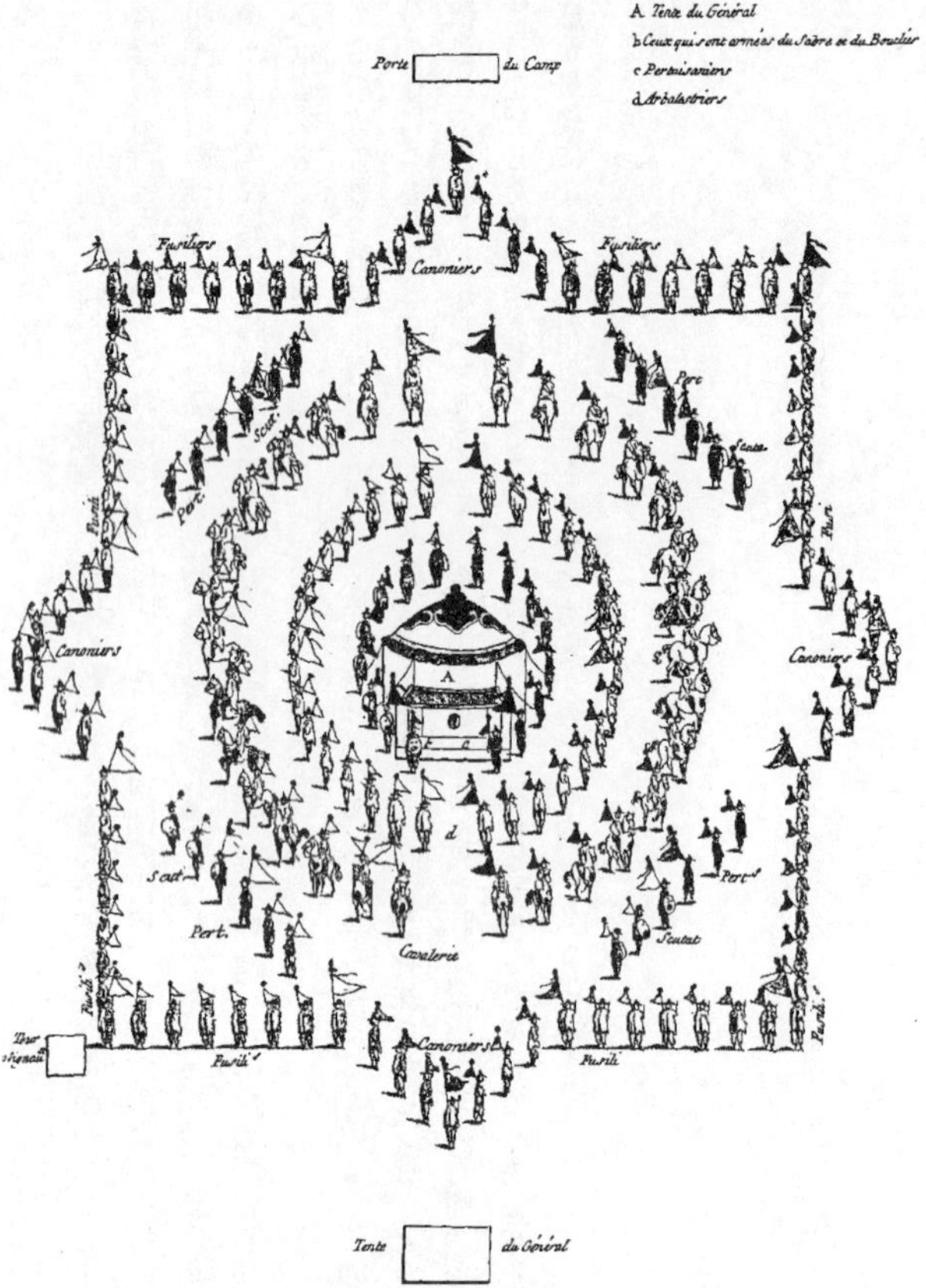
A Tente du Général
b Ceux qui sont armées du Sabre et du Bouclier
c Pertuisaniers
d Arbalestriers
Porte du Camp
Fusiliers
Canoniers
Fusiliers
Pert.
Scut.
Pert.
Scuta.
Fusili.
Fusi.
Canoniers
Canoniers
A
d
Scut.
Pert.
Pert.
Scutat.
Cavalerie
Fusili.
Fusili.
Tour signaux
Fusili.
Canoniers
Fusili.
Tente du Général

第13章

紛争を利用し、また不和を生じさせる方法（用間）

★原注：注釈者のひとりは、このタイトルについて以下のように説明している。有利に戦争をするには、紛争や不和を利用することが不可欠である。それらの生じさせ方を知っており、また巧みに活用する必要がある。これは最も有用な戦術であるが、非常に困難であり、戦争における任務で同様のものはひとつもなく、将軍がこれほど注意を払わなければならないものもない。注釈者のなかにはこの章に「スパイを利用する方法」というタイトルをつけている者もいる。彼らは、『兵法』のなかでスパイを利用できることほど将軍にとって有用なことがあるだろうかと主張している。

●

【原文】

孫子曰、凡興師十万、出征千里、百姓之費、公家之奉、日費千金、内外騒動、怠於道路、不得操事者、七十万家。相守数年、以争一日之勝。而愛爵禄百金、不知敵之情者、不仁之至也。非人之将也。非主之佐也。非勝之主也。故明君賢将、所以動而勝人、成功出於衆者、先知也。先知者、不可取於鬼神。不可象於事、不可験於度。必取於人、知敵之情者也。

【一般的な日本語訳】

十万もの大軍を動員して千里のかなたまで遠征すれば、政府ならびに国民は、一日に千金もの戦費を負担しなければならない。こうなると、国中があげて戦争に巻きこまれる。人民は牛馬のように戦争にかり出され、耕作を放棄せざるをえなくなる農家が七十万戸にも達するであろう。

こうして戦争は数年も続く。しかも、最後の勝利はたった一日で決するのである。それなのに、爵禄《しゃくろく》や金銭を出し惜しんで、敵側の情報収集を怠るのは、バカげた話だ。これでは、将帥としての資格がないし、君主の補佐役もつとまるまい。また、勝利を収めることもかなうまい。

明君賢将が、戦えば必ず敵を破ってはなばなしい成功を収めるのは、相手に先んじて敵情を探り出すからである。しかもかれらは、神に祈ったり、経験にたよったり、星を占ったりして探り出すわけではない。あくまでも人間を使って探り出すのである。

【アミオ訳】

孫子は言った、

十万の兵の軍隊を整え、千里（百リュー）の距離を進まねばならぬのであれば、内も外も[1]、すべてが騒動に巻き込まれるつもりでいなければならない。村や町からは軍隊を編成するために人々が徴用され、小集落や田舎からは食糧や、その人々を統率する者たちに必要な装備一式が借り出され、道は行き来する人であふれることであろう。それらすべてにより、多くの悲しみにくれた家族や耕されぬ土地が生み出され、膨大な国家の出費を招くこととなろう。

★原注1：「外と同様に内も」とはつまり、田舎同様、都市部もということである。

家長や大黒柱を奪われ、七十万の家族が突然に、日常の仕事に従事し得ない状態となる[2]。人が奪われるということは、それと同じ数だけ彼らが利用してきた土地が奪われることになり、その手入れが不可能となるのに比例して、生産物の質と同様に量も減少することとなる。多くの将校の給料、多くの兵の日々の給料、そしてあらゆる人々の生活費が、人民のそれと同様に君主の穀物倉庫や金庫を少しずつうがち、いずれ使い果たしてしまうことは避けられないであろう。

★原注2：注釈者は孫子のこの計算の説明を以下のようにしている。昔は、民を八家族ずつのグループに分け、その八家族のグループごとに一つの家族が戦争に加わる者として登録された。残りの七家族はその一つの家族に、人員でも輜重でも、必要なものすべてを供給した。

敵を偵察することや戦争をすることに何年も費やすことは、人民を愛することではまったくない。むしろ国家の敵となることである。何年にもわたるあらゆる出費も、苦労も、労働や疲労も、征服者自身においてさえ、たいていの場合、征服を成し遂げたという、勝利と栄光の一日に帰着するのみである。征服にあたって、攻囲や戦いという手段しか用いないのは、君主の責務も将軍の責務も同様に理解していないということである。統治できない、国家に奉仕できないということである。

したがって、戦争実施の計画が一度立てられ、軍隊がすでに整えられてすべてが着手できる状態となったら、策略を立てることを軽視してはならない。まずは、敵に関するあらゆる情報に通じておくことから始めるがよい。敵のもち得るすべての関係性、つまり交友関係や相互的な利害関係を正確に把握しておくことだ。このための大金を惜しんではならない。手にするものが作り話であろうが正確な情報であろうが、軍旗のもとに集まった人々の給料として支払う金以上に、外国において費やすこととなる金を惜しんではならない。多くを費やせば費やすほど、多くの情報を手に入れることができる。これは大きな利益を引き出すために投資した金なのである。スパイをいたる所に配置し、すべてに通じ、知り得たことの何一つもおろそかにしてはならない。しかし、何かを知ったときに、それを軽率に近くの者すべてに明かしてはならない。何か策を弄しなければならないときには、その策を成功させるために自ら選択した方法論を頼りにすべきであって、祈願した霊神の助けなどを頼りにしてはならない。★3

★原注3：注釈者はこの最後の一文の意味について意見が一致していない。私が説明したように説明する者もいれば、次のように理解されるべきと言う者もいる。その説明は以下の通りである。「何か策を弄しなければならないときには、その策を成功させるために自ら講じた計画や方策方法論を、霊神さえも見抜くことができぬほどに隠さなければならない」。三つめの解釈では「策略を用いるときには、それを成功させるカギは、霊神に祈ることでも、起こるべきもしくは起こり得ることについておよその予測をつけることでも全くない。それは、そなたが敵に望むことから鑑みて、配下で使っている者たちの正確な報告から、敵の配備を確実に知ることのみにある」とされている。

［解説］

伝統的な解釈として曹操以来、「間」とは「間諜（スパイ）」のことであり、「用間」とは「スパイの活用法」の意味となる。一般の日本語訳もこれに沿っている。ところがアミオ訳では「間」を「関係」ととらえて、他国の内部関係を悪化させる方法としてとらえている。篇自体の内容のとらえ方が、最も異なっている部分だ。アミオ訳にもスパイは出てくるが、それは「他国の内部関係を知る、悪化させる」ための手段として登場するに過ぎない。

アミオ訳の解釈でも、全体として筋が通ったような内容になり、とてもユニークな一篇になっている。ただし、原文だけではアミオ訳も意図した意味を汲み出せず、他の篇に増して、原文を膨らませている部分が多い。

●

[原文]

故用間有五。有郷間、有内間、有反間、有死間、有生間。五間倶起、莫知其道。是謂神紀。人君之宝也。郷間者、因其郷人而用之。内間者、因其官人而用之。反間者、因其敵間而用之。死間者、為誑事於外、令吾間知之、而伝於敵間也。生間者、反報也。

[一般的な日本語訳]

敵の情報を探り出すのは間者の働きによるが、間者には五種類の間者がある。すなわち、郷間《きょうかん》、内間《ないかん》、反間《はんかん》、死間《しかん》、生間《せいかん》である。これらの間者を、敵に気づかれないように使いこなすのは最高の技術であって、君主たる者の宝とすべきことだ。

さて、次の五種類の間者について説明しよう。

郷間――敵国の領民を使って情報を集める。

内間――敵国の役人を買収して情報を集める。

反間――敵の間者を手なずけて逆用する。

死間――死を覚悟のうえで敵国に潜入し、ニセの情報を流す。
生間――敵国から生還して情報をもたらす。

[アミオ訳]

熟達した将軍が行動を起こしたのであれば、敵はすでに征服されたようなものだ。戦うときは、たったひとりで、軍全体よりも大きな働きをすることとなろう。それは、彼の腕力によってではなく、その慎重さ、指揮のとり方、そしてとりわけその策略によってである。最初の合図で、敵軍の一部を、自らの軍旗のもとで戦う味方につけるに違いあるまい。また、常に自由に和平を講じること、特に時宜を得ていると判断できる時に和平を講じることができるに違いない。すべてに打ち勝つ最大の秘訣は、時宜を得て不和の種をまくことができる術策にある。不和には、町や村での不和、内での不和、下級層と上級層との間の不和、死者の不和、生の不和がある。この五種類の不和は同じ幹の枝分かれにすぎない。これらを使いこなす者が真に指揮をとるに値する人物である。君主にとっての宝であり、王朝（l'Empire）にとっての支柱である。

町や村での不和とは、単純に外での不和とも言いかえられる。これによって、敵側からその統治下にある町や村の住人を引き離し、必要なときに確実に使えるように味方につけることができる。内での不和とは、これによって敵軍で現在軍務についている将校を、自われが戦うこととなる軍隊内の異なったグループ間に反目を生じさせておき、それを利用できるように仕向けるものである。死者の不和では、自分たちの置かれている状況についての誤った報告を敵に提供したのち、侮辱的なうわさを敵に流して、君主のいる宮廷にまで届かせる。君主にそれを真実と信じ込ませることで、現に仕えている将軍や将校たちに対し、それに応じた振る舞いをさせるよう仕向けるものである。生の不和とは、本来の支配者に仕えることを辞め、そなたの側に寝返った者すべてに対し、ふんだんに金を与えることによって、そなたの軍旗のもとで戦うよう、あるいは、それに優るとも劣らぬ務めを果たすよう、仕向けるものである。

もしそなたが敵の町や村に手先をつくることができたのであれば、そなたに対してどこまでも忠実な多くの民をほどなく得ることができるであろう。敵国につくった手先を通じて、大多数の敵国民がそなたに対して抱いている印象を知ることができよう。また、こちらの手先となった敵国の民は、そなたが最も懸案とする、彼らの同国人を味方につけるために採用すべき方法や手段を提案するであろう。そして、攻囲をする時がきた折には、攻め入る必要も、戦う必要も、剣を抜く必要さえもなく、征服することができるであろう。

現に戦争中である敵において、その仕える将校の間に不協和音があるのであれば、また、互いへの疑念や、ちょっとした嫉妬、個人的利益が彼らを分裂させているのであれば、彼らの一部を引き離す方法は簡単に見つかるであろう。というのもある面ではいかに彼らが高潔であろうとも、いかに君主に忠実であろうとも、復讐の誘惑、そなたが約束した富や高い地位の誘惑は、彼らを勝ち取るに十分である。そして一度この欲望が彼らの心の中で燃え始めたら、それらを満たそうとしないわけにはいかないのである。

敵となる軍隊を構成する異なった集団間で、互いに助けあうことがないのであれば、また常に互いを監視しあうようであれば、そして互いを傷つけあおうとしているのであれば、彼らの不和を保ち、対立を助長するのは容易いことである。彼らの誰ひとりとしてそなたの味方につくと公言するような必要もなく、少しずつ互いに滅ぼしあうこととなろう。そなたがそれを望むことも、知ることさえもなくても、すべてがそなたの助けとなるのである。

そなたが、自分について信じて欲しい情報をうまく浸透させるのと同時に、敵の将軍のよくない行い――実はそなたがそのように装った、偽りの行い――のうわさを広められたとしよう。また、そなたが戦わなければならない相手の不利益となるように、誤った報告を君主の宮廷そして議会にまで届かせ、君主に対する忠誠心の強さが最も知られている者の善意さえも疑わせることができたとしよう。そうなれば、敵のなかで疑念が信頼にとって代わり、褒賞が懲罰に、懲罰が褒賞に置き換えられ、わずかな兆候さえも、疑いをかけられれば誰でもその命が奪われるような説得力ある証拠となるのをやがて目の当りにするだろう。こうなれば、最も優れた将校たち、最も見識のある大臣たちは嫌気がさし、熱意は減退し、自らのよりよい行く末の希望が見出せずに、彼らが絶えず苛まれていた正当な不安から解放されるために、またその人生を保護されたものとするために、そなたのもとへ亡命してくるであろう。彼らの親類縁者、または友人らは罪を負わされ、追われ、処刑されるであろう。策略が形成され、野心がよみがえり、これらはもはや裏切り行為、残酷な処刑、暴動、いたるところでの反乱という結果に至らざるを得なくなるであろう。そなたがすべてを掌握することを人民がすでに望んでいる国を支配するのに、あと何かするべきことが残されているだろうか。★1

★原注1：ここで提案されている策略の結果や効果によって得られるとされている優勢は現実的なものである。これは中国の歴史から引き出される多くの例によって証明することができるであろう。しかし、各王国がそれぞれ一つの国をなしているような、世界の他の地域においては何の結果も生み出さないように思える。中国人が行ってきた戦争の大部分は他の中国人に対するものであり、戦っているのはどちらも一つの国の一部である。その結果、この同じ国の全体にとっては、勝利がどちらに宣言されようと、さして重要ではないように思われる。戦争とそれが必然的にもたらす惨禍の停止が彼らの望むものであり、相続権により王位が継承されるはずだった者たちの完全な消滅後に、よりよい処遇を期待する理由がある者を新たな支配者と認めたのである。したがって、不幸者や敗北者は、反逆者呼ばわりされた。

【解説】

一般的な日本語訳では、郷間、内間、反間、死間、生間という五種類のスパイの記述となるが、アミオ訳では、

・郷間――町や村での不和
・内間――内での不和
・反間――下級層と上級層との不和
・死間――死者の不和
・生間――生の不和

という対応関係から、解釈を展開している。

●

【原文】

故三軍之事、莫親於間、賞莫厚於間、事莫密於間。非聖智不能用間。非仁義不能使間。非微妙不能得間之実。微哉微哉、無所不用間也。間事未発而先聞者、間与所告者、皆死。

［一般的な日本語訳］

間者には、全軍のなかで最も信頼のおける人物をえらび、最高の待遇を与えなければならない。しかもその活動は極秘にしておく必要がある。

間者を使う側は、すぐれた知恵と人格とをそなえた人物でなければ、十分に使いこなせない。加えるに、きめこまかな配慮があって、はじめて実効をあげることができるのである。なんと微妙なことよ。いついかなる場合でも、間者の働きを無視することは許されないのだ。

間者が極秘事項を外にもらした場合は、もらした間者はもちろん、情報の提供を受けた者も殺してしまわなければならない。

［アミオ訳］

もし、将軍であるそなたに対して——絶えず苛まれていた正当な不安から解放されるために、またその人生を保護されたものとするために——身をささげている敵国のかつての臣下たちに報い、彼らに職を与えるのであれば、彼らの親類縁者や友人までことごとくみながら、そなたが君主にもたらすことになる臣下となろう。ふんだんに金をばらまき、すべての人を厚遇し、兵士が自分たちの進軍する地域に損害をわずかといえども与えることを妨げ、征服された側の人民が少しも損害を被ることがなければ、彼らはすでに味方についており、彼らが話すそなたの善行がそなたの長により多くの臣民を引き寄せ、より多くの町を統治下におかせ、最も輝かしい勝利をもたらすことを保証しよう。

そなたは抜かりなく、賢明でなければならないが、安心感を抱かせ、単純で、無頓着でさえあるように見せかけなければならない。何も考えてないように見えて、常に用心しており、警戒心などないように見えて、すべてに警戒していなければならない。常に公然とことを為すように見えて、本心を見せてはならない。いたる所にスパイを送り、言葉のかわりにサインを用いるべきである。口でものを見て、目で会話をする。これは簡単なことではなく、非常に難しい。人は他者を欺いていると思っているときに、しばしば欺かれているものである。完璧な用心のできる人物、非常に見識のある人物、最上の賢者だけが、不和を利用した術策を適切に用い、成功させることができるのだ。そなたがこれらに少しもあてはまらないのであれば、この術策はあきらめるべきである。用いたとしてもそなたの不利にしかならないであろう。

いくつかの計画を世に送り出したのちに、機密事項が露見したことがわかったのであれば、それを漏らしたであろう者と同様に、それを知ることとなった者も容赦なく殺さなければならない。後者には確かにまだ咎めるべきところはひとつもないのであるが、そうなり得る存在である。彼らの死は数千の人々の命を救い、またさらに多くの人々の忠誠心を確固たるものとするであろう。

［解説］

「莫親於間、賞莫厚於間、事莫密於間」という部分、一般の日本語訳ではスパイ活用の三条件――信頼できる人物、最高の待遇、秘密保持と訳しているのに対し、アミオ訳では、

・莫親於間――敵国にいる協力者を大事すれば、その親類や友人もこちらの味方になる

・賞莫厚於間――金をばらまき、また敵の住民に被害を与えなければ、敵の住民も味方になる

・事莫密於間――こちらの真実の姿を隠す

という解釈で訳されている。

［原文］

凡軍之所欲撃、城之所欲攻、人之所欲殺、必先知其守将、左右、謁者、門者、舎人之姓名、令吾間必索知之。必索敵人之間来間我者、因而利之、導而舎之。故反間可得而用也。因是而知之。故郷間内間、可得而使也。因是而知之。故死間為誑事、可使告敵。因是而知之。故生間可使如期。五間之事、主必知之。知之必在於反間。故反間不可不厚也。昔殷之興也、伊摯在夏。周之興也、呂牙在殷。故惟明君賢将、能以上智為間者、必成大功。此兵之要、

三軍之所恃而動也。

〔一般的な日本語訳〕

敵軍に攻撃をかけようとするとき、あるいは敵城を奪取しようとするとき、または敵兵を撃滅しようとするときには、まず敵の守備隊の指揮官、側近、取次ぎ、門番、従者などの姓名を調べ、間者に命じてその動静を探索させなければならない。

敵の間者が潜入してきたら、これを探し出して買収し、逆に「反間」として敵地に送りこむ。この「反間」の働きによって、敵の住民や役人をだきこみ、「郷間」「内間」とする。そのうえで「死間」を送りこんでニセの情報を流す。こうなれば、「生間」も計画どおり任務を達成することができる。

君主は、この五種類の間者の使い方を十分に心得ておかなければならない。これらのうち最も重要なのが「反間」であるから、その待遇はとくに厚くしなければならない。

むかし、殷《いん》王朝が夏《か》王朝を滅ぼして天下を統一したとき、夏の事情に通じている伊尹《いいん》を宰相に登用して功業を成しとげた。また、周王朝が殷王朝を滅ぼして天下を手中におさめたときにも、殷の事情にくわしい呂尚《りょしょう》を宰相に起用して功業を成しとげている。

このように明君賢将のみがすぐれた知謀の持主を間者に起用して大きな成功を収めるのである。これこそ用兵の要《かなめ》であり、全軍の拠り所なのだ。

［アミオ訳］

厳しく罰し、褒賞は気前よく与える。スパイを増やし、敵の君主の宮殿そのものや、大臣のいる建物、将軍のいるテントなど、いたる所に配置する。仕えている主な将校のリストを手に入れ、彼らの名前やあだ名、子どもの数、両親、友人、使用人の数を把握し、彼らの身に起こっていることすべてをおさえておかなければならない。

そなたがいたる所にスパイを送っているように、敵のスパイもいることを想定しておかなければならない。もしスパイを見つけたのであれば、殺さぬように注意しなければならない。彼らの存在は計り知れないほど貴重である。もしそなたが自らの振る舞い、言葉、そして行動のすべてを、敵のスパイが彼らを送り込んだ者に誤った報告しかできないよう謀ることができれば、彼らはそなたにとって効果的な役割を果たすであろう。

つまるところ、優れた将軍というのは、あらゆることを利用すべきなのである。そして、何が起ころうとも、驚いたりしてはならない。しかし、とりわけ、すべてのものにましてすべきことは、五つの不和を実行に移すことだ。これを用いる真の技術をもっていれば、できぬことはなにもないと断言しよう。自らの君主の国家を守り、拡大し、日ごとに新たな征服をなし、敵を殲滅し、新たな王朝さえ築く。これらはすべて、巧妙な術策を適切に用いた結果としてしかなされ得ない。偉大な伊尹[★1]は夏の時代に生きていたのではなかったか。しかしながら、殷王朝の創設は彼によるところが大きい。高名な呂牙[★2]は、彼の功績により周王朝が王権を掌握したとき、殷の臣民ではなかったか。この二人の偉人を称賛していない書物があるだろうか。歴史書において、彼らをその祖国に対する裏切り者や、君主に対する謀反人とよんでいることがあったであろうか。それどころか、常に最大の敬意をもって語られている。彼らは英雄であり、高潔な君主であり、聖人君子であるのだ。[★3]

不和を用いる方法について要点をまとめると、以上ですべてである。そして、これをもって私の軍人の技術についての考察を終わらせたいと思う。

★原注1：伊尹は伊摯《いし》ともよばれ、夏王朝（la Dynastie Hia）の最後の皇帝の大臣であった。この皇帝はすべての臣下の憎悪の対象であった。賢明な伊尹はしばしば彼にその振舞いを改めるよう説き勧めたが、常に無駄に終わった。公共の利益のためのみならず、君主の名誉と栄光のために彼が示した心配りや熱意にもかかわらず、王朝（l'Empire）が衰退の一途をたどるのに心を挫かれ、以後は私人としての人生を送るために宮廷から身を引いた。居を田舎に移し、自らの手で畑を耕した。商の諸国の君主であった成湯が、王朝（l'Empire）の利益のための自身の意向を伊尹に伝え、彼が新しい王朝（une nouvelle Dynastie）の創設に専心していた宮廷に再び入ることを勧めたのは、この静かな暮らしを送っているときであった。この新しい王朝というのが商朝であり、商は成湯が統治していた諸侯の名前である。この革命は紀元前一七七〇年に起きた。

★原注2：呂牙は太公の名で知られているが、紀元前一一二二年ころに完全に滅亡した殷王朝（la Dynastie Yn）の最後の皇帝であった紂（訳注：原文は Tcheou となっており、他では「周」と訳出している部分。アミオが周と紂を混同した可能性が考えられる）に仕えた主要な将校のひとりであった。武王が、彼が消滅させた王朝（la Dynastie）の臣下の心を自らに好意的にまとめあげることができたのは、太公の慎重で賢明な忠告、そして美徳のおかげである。

★原注3：注釈者のひとりはこの一文を次のように説明している。「腹黒、裏切者、謀反人の名など恐れるにたらない。すべては自らの成功の有無にかかっている。どんなに意図が素晴らしいものであっても、戦いに負け、計画が失敗に終わってしまっては、子孫には嫌われ、野心家、治安を乱す者または何かそれ以上に悪いもの、謀反人とみなされる。しかし逆に成功すれば、賢者、人民の父たる存在、法の復興者、王朝（l'Empire）の支柱とみなされる。伊尹と呂牙はその証明である。しかし、この二人の偉人にならって目的はまっとうでなければならないし、正義にかなったことにしか取り組んではならない。そうすれば彼らのように、決して消えることのない名声を得ることができる」。この不和についての章のなかに散りばめられている格言の多くは、中国人自身も習いとしている誠実さや倫理的美徳に相反し、断罪すべきものである。しかし、こと反逆者とみなす敵を抑圧する際には、この同じ中国人がそれも許されると考えるのである。しかしながら、その点については皆が同じ意見であるわけではない。

[解説]

原文「故郷間内間、可得而使也。因是而知之。故死間為誑事、可使告敵。因是而知之。故生間可使如期」の部分が、アミオ訳では訳出されていないように読みとれる。これは、二六五頁からの五間（郷間、内間、反間、死間、生間）の翻訳部分、それぞれを説明した箇所に、この原文部分の内容を反映させたため、アミオはこちらを省略してしまったなどの可能性が考えられる。

アミオ小伝

守屋　淳

中国熱のなかで

『孫子』をヨーロッパの言語にはじめて翻訳したジャン－ジョゼフ－マリ・アミオ（Amiot, Amyot, Jean-Joseph-Marie　中国名：銭徳明　日本語表記：アミオー　アミヨー　アミヨとも）は、一七一八年二月八日フランスのトゥーロンで、王室公証人の息子として生まれた。翌年（一七一九）生まれの有名人に、日本でいえば田沼意次がいる。

リヨンのイエズス会神学校（Collège des Jésuites）で、ギリシアやラテンの古典、文学、数学、物理学、天文学、それにインドや日本、中国の歴史についての教育を受け、一七四六年にブザンソンで助任司祭となる。彼は音楽にも秀で、フルートとチェンバロの演奏にも長けていた。

その後、東アジア宣教団に選ばれ、アミオは一七四九年一二月二九日に中国へと出発した。彼のマカオ到着の様子は、当時清王朝の宮廷に仕えていたカスティリオーネの上奏文に次のように残されている。

《臣どもは、今澳門からの連絡を受け、今年七月にポルトガル国からの船が到来し、この船に天文・算法に優れた西洋人の高慎思〔Joseph d'Espinha〕、律呂〔音楽〕に通暁した銭徳明（引用者注：アミオのこと）、外科や薬の調合についての知識を持つ羅啓明〔Emmanuel de mottos〕がいることを知りました。この三名は北京へ上り尽力せんと心から願っており、もし陛下のお許しを頂けるなら、広東総督・準撫に勅令をお下しになり、人を派遣して北京まで〔三人に〕付き添って送るようにさせるよう、伏してお願い致します》（『中国――社会と文化』第二二号「一八世紀におけるイエズス会士アミオと中国音楽」新居洋子、原文出典は『中葡関係檔案資料匯編』中国檔案出版社）

アミオは、もともとは天文の専門家だったようだが、《律呂〔音楽〕に通暁した銭徳明》とあるように、音楽の知識も期待されての中国入りだったらしい。

マカオ入りのあと、一七五〇年七月二七日から広州での短期滞在をへて、一七五一年八月二二日から亡くなるまで四十年にわたって北京に滞在した。

もともと十七世紀の中ごろから、フランスでは中国ブームがおきていた。ポルトガルやスペインがアジアや南米の植民地で大きな利益をあげるなか、ルイ十四世（一六三八～一七一五）が、イエズス会士たちを使ってアジア進出の糸口を得ようと画策。その結果、大勢のフランス人神父たちが中国に渡り、布教をすすめるとともに中国の文化を本国に紹介

した。ルイ十四世自身、

《中国の美術品、就中陶器を愛玩し、これをヴェルサイユ宮殿に集めたり、南京の塔に模してトリヤノンに「陶器の塔」を建立したり、中国の古典を翻訳せしめたり、また一六六七年、謝肉祭の仮装舞踏会には中国服を纏って臨席されたり》(『中国思想のフランス西漸』後藤末雄　矢沢利彦校訂　平凡社東洋文庫)

と、みずから中国熱にあてられていた。さらに、有名なマリー・アントワネットの書庫にも中国古典を紹介した書籍が収められていたという。

学術紹介の面では、一六八七年、ルイ十四世の勅命によって、『中国の哲学者　孔子(*Confucius Sinarum Philosophus*)』が刊行される。イントルチェッタ、ヘルドトリヒ、クープレによる編集、十六名のイエズス会士の手になる翻訳であり、このなかに『大学』『中庸』『論語』のラテン語訳が含まれていた。こうした中国の儒教系思想は、貴族たちはもちろん、当時のフランス知識人に大きな影響を与えていった。その深甚さは、

《フランスにおいては中国思想の中心説たる仁愛政治、民本主義等の諸思想が百科全書家の主張に影響し、これに利用されてフランス大革命が勃発し、ルイ王朝は倒壊したのであった》(『中国思想のフランス西漸』)

と、フランス革命の引き金の一つとなったという研究も後世、存在するほどであった。

中国古典からミサ曲、満州語辞典まで

アミオも北京を拠点として、フランス本国やヨーロッパ各国との学術的な交流を推し進めていた。

《アミオは、アカデミー・フランセーズや碑文・文芸アカデミーといったパリの諸アカデミー、およびサンクトペテルブルク・アカデミーやロンドン王立協会の会員たちとの文通によって、中国情勢をヨーロッパに伝えた。その中で最も重要な文通相手だったのが、フランス財務総監や国務卿を歴任し、パリ王立科学アカデミーや王立碑文・文芸アカデミーの名誉会員でもあった、ベルタン（Henri Léonard Jean Baptiste Bertin, 1720–1792）である。ベルタンの計らいにより、高（Aloys ko, 又は Louis Gao, 高類思, 1732–1790）と楊（Étienne Yang, 楊徳望, 1733–1798）という二人の中国人青年が渡仏し、フランス語やラテン語、論理学や神学を学び、経済学者テュルゴー（Anne-Robert-Jacques Turgot, 1727–1781）らとの交流を経て、一七六六年に帰国した。高と楊の協力の下、ベルタンとアミオら在華イエズス会士の文通が始まり、古今中国に関するさまざまな報告がフランスへ送られた。これらの報告は、ベルタンの下で編纂され、Mémoires concernant l'histoire, les sciences, les arts, les moeurs, les usages, &c. des Chinois（以下 Mémoires）全一六巻（1776–1814）として刊行され、ヨーロッパで広く読まれた。アミオの報告は、この Mémoires の大きな割合を占めている》（『東洋学報』第九三巻第一号「18世紀在華イエズス会士アミオと満州語」新居洋子）

アミオが、いつ『孫子』の翻訳に着手したのかは残念ながらわかっていない。ただし、新居氏によれば、おそらく完成したことを示す日付として「一七六六年九月二三日」とアミオの翻訳手稿には入っているという。

「監訳者まえがき」でも触れたように、アミオが訳出した兵法関係の文献は、先述のベルタン大臣との交流を通じて、一七七二年にまず『中国兵法論（*Art militaire des Chinois, ou Recueil d'anciens traités sur la guerre*）』としてフランスで出版された。その後一七八二年に、先ほどの引用にも出てきた『中国人の歴史、科学、技芸、風俗、慣習などに関するメモワール（*Mémoires concernant l'histoire, les sciences, les arts, les mœurs, les usages, &c. des Chinois*）』（以下、『メモワール（*Mémoires*）』）の第七巻目に再録されている。

本文を読んで頂ければわかるように、アミオの『孫子』の訳は、非常にユニークな内容が多い。一体、何を原典や参考にして訳したのかが気になる所だが、今のところ詳しいことはわかっていない。アミオを専門に研究されている新居洋子氏に取材したところ、以下のコメントが頂けた。

「アミオ自身の言葉、およびアミオの報告全体における傾向から、満洲語の版本を参照した可能性が高いといえるが、漢文版と合わせて参照した可能性も十分考えられる。

またフランス国立図書館所蔵のアミオの手稿、ならびに『メモワール（*Mémoires*）』第八巻に掲載された補遺の内容から、併せて『武経総要』など他の武経関係典籍を参照した可能性も高いといえる。

いずれにせよ、確証を得るには、今後満洲語訳版とアミオの報告、および漢文版と満洲語訳版との詳細な比較対照を行う必要がある」

筆者自身の推測として、まず『中国兵法論』の「訳者序論」でアミオが述べた内容を信じるなら、アミオは漢文による『孫子』の翻訳を進めたが、内容が難解で挫折しかけたときに、折よく満州語（タタール語）訳『孫子』に出会い、そちらを参照しつつ翻訳を進めた、となる。また本文のアミオによる概論や注に、以下の記述があり、何らかの漢文による『孫子』解釈を参照したり、独自の解釈をつけたことがうかがえる。

「タタール語で書かれた写本だけでなく、古今の中国語の解説も利用した。中国語とタタール・満州語の二つの言語ができるということは、とても有利なのだ。中国語で理解できないところがあれば、タタール語を頼り、タタール語で真の意味が読みとれないときは、中国語の本を開けばよい。また、さらにうまい方法として、ずっと交互に読み進めることもできる。これが、何年もかけた私の仕事のやり方だった」

「必要と感じたときには、有識者に意見を求めることもおろそかにはしなかった。にもかかわらず、彼らの長い説明や、いわゆる解釈があったとしても、その救いの光が私に届かないことが幾度もあった」

「中国のある注釈者はこの章の冒頭に関して、少し違った解釈をしている。彼の解説がどんなに昔の中国の道義に適っていようと、私はそれに追随すべきではないと確信している。というのも、その解説は、著者の真の意図を汲み取っておらず、時には正反対のことを述べているように思われるからだ」

こうした点からアミオの書斎を想像してみると、以下のような感じだったのではないだろうか。

まず、何らかの漢文原典の『孫子』があり、横には満州語訳の『孫子』がある。他に漢文による『孫子』の注釈書もあったのだろう。アミオはそれぞれの本を見比べつつ、納得のいく解釈があればそれを採用し、どれも納得できないところは、有識者に意見を求めたり、自分なりの解釈をひねり出して書いていく——こんな作業を続けていった……。

いずれにせよアミオの参照した満州語訳『孫子』の原典が発見されれば、こうした疑問のいくつかは氷解していくわけで、今後の研究の進展が俟たれるところだ。

他に中国古代思想関連としては、『メモワール（Mémoires）』の第十二巻（一七八六）に収録された『孔子、いわゆる俗に孔夫子と呼ばれ、中国の哲学者のうち最も名高く、古代の教えの復興者である人物の生涯（*La vie de Koung-tsee, appellé vulgairement Confucius, le plus célèbre d'entre les philosophes chinois, et restaurateur de l'ancienne doctrine*）』や『中国の高名な哲学者、孔子の一生の主なる行い（*Abrégé historique des principaux traits de la vie de Confucius, célèbre philosophe chinois*）』といった著作もある。後者は『孔子の一生』（神戸仁

彦訳　明徳出版社）という書名で日本語に翻訳されている。
また、彼は「ムクデンの町への賛辞を綴った中国皇帝による詩の翻訳（これはフランス国王の図書館に寄贈され、私が昨年出版した）」という、清朝の乾隆帝が自作した詩『御製盛京賦』をフランス語訳している。これは一七七〇年にパリで出版された。この作品によって、
《この翻訳された著作を通して啓蒙時代のヨーロッパ（特にヴォルテール、フリードリヒ大王）は、はじめて中国の文学に触れた》
という指摘がドイツの音楽大事典（*Die Musik in Geschichte und Gegenwart*: Bärenreiter-Verlag Karl Vötterle GmbH & Co. KG）ではなされてもいる。
さらにアミオは、もともと音楽の知識や能力に秀でていたこともあり、そちらのジャンルでも多大な功績を残している。
彼は音楽に関するさまざまな論文や単著を執筆したが、なかでも一七七六年に執筆した『中国の音楽に関する覚え書き。古代から現代まで（*Mémoire sur la musique des chinois, tant anciens que modernes*）』は、近年に至るまでヨーロッパにおける中国の伝統音楽論の参考文献となり続けてきたものだ。
また、彼は音楽の実作も行っている。カソリックの伝統的なミサ曲のなかに大胆に中国の音楽を練り込んだ曲を作り、それらは「北京イエズス会のミサ曲」というタイトルで、

Naive レーベルなどでCD化もされている(Naïve カタログ番号:E8910)。本書においてナポレオン伝説の論考を執筆した伊藤大輔氏はマリンバ奏者でもあり、クラシック音楽にも造詣が深いが、アミオのミサ曲に対して、

「当時北京にあった西洋楽器を前提に、中国の楽器や和声を用いて無理なく旋律を作っており、素晴らしいです。西洋音楽に、中国の節回しや音階を乗せており、その違いが不協和音になっているところもありますが、極力破綻させない努力が見られます。古い、どちらかといえばロシア的なカトリックの雰囲気がよくでています。当時の中国人でも十分演奏できた楽曲だと思います」

とのコメントを述べている。

さらに、アミオは中国独自の楽器であった笙をフランスに送っている(一七七七年着)。以後これがリード(簧《した》)のない管楽器とヨーロッパが出あう最初の機会であったようだ。以後この笙に触発されてリードのない楽器がヨーロッパで各種考案され、その流れの中からハーモニカやアコーディオンなどが生まれたという話も流布されている。ただし、残念ながらこの点は確実な証明はなされてはいないようだ。

さらに、『孫子』の翻訳がきっかけとなって取り組んだ満州語にもアミオは通暁するようになり、現代に至るまで枢要な満州語辞典を一七八九年に完成させてもいる。当時、満州語は清王朝の宮廷における公用語であった。

イエズス会禁止令

このように文化面で大きな足跡を残したアミオだが、人生においては激震に見舞われることになる。

一七七三年、なんと彼の所属していたイエズス会がローマ教皇によって禁止されてしまったのだ。

イエズス会は、一五一七年にはじまるルターの宗教改革をきっかけとして、ヨーロッパがカトリックとプロテスタントとの厳しい争いに巻き込まれるなかで誕生した。創設者のイグナティウス・デ・ロヨラが、

《私の意図するところは、異教の地をことごとく征服することだ》(『イエズス会の世界戦略』高橋裕史　講談社選書メチエ)

といみじくも述べるように、布教の地をヨーロッパ以外に求めることでカトリックの勢力圏拡大を狙ったものだった。イエズス会がローマ教皇の公認を得たのは一五四〇年だが、以後破竹の勢いで世界に勢力を広げていく。この背景には、当時のポルトガルとスペインによる植民地獲得の競争も関係していた。

両国は植民地獲得を進めるにあたって、「キリスト教の布教のため」というお墨付きを得るべく、ローマ教皇に働きかけていった。この結果、

《一五世紀の半ばから末にかけての約四〇年のあいだに、地球上に存在する非キリスト教世界はポルトガルとスペインによる征服と支配、そしてキリスト教の布教の対象地と規定されてしまったのであった。イエズス会が成立し、ローマ教皇パウルス三世による公認を受ける半世紀も前に異教世界が二分割されてしまったことの持つ意義はきわめて大きい。イエズス会はポルトガルの航海領域に自らの活動範囲を重ね合わせ、そこに包摂される地域を布教対象としていくからである。》(『イエズス会の世界戦略』)

こうしてイエズス会は、ポルトガルの植民地獲得といわば二人三脚の形をとって勢力圏を拡大していったのだ。しかもイエズス会は「適応政策」といわれる、現地との融和政策をとった。現代でこれを喩えれば、グローバル化企業が進出先のニーズに合った形で本国での商品やサービスに変更を加え、現地で受け入れやすくしていったようなものだった。

しかし、これが商品やサービスであれば問題はないが、宗教の場合、地元の宗教や文化への迎合し過ぎは当然、論争を呼ぶことになる。中国でいえば儒教とキリスト教とのすり合わせの観点で「典礼問題」が勃発した。

さらに、イエズス会士自身も、布教のための資金を得る目的もあったにせよ商売や金儲けといった、他から批判を招きかねない行為に手を染めていった。

短期間で大成功をおさめたことへの他修道会からの嫉妬もあり、やがてイエズス会は激しい批判を浴びるようになる。国の範囲を超えて自由に動くイエズス会士をきらったポルトガルやフランス、スペインなどの朝廷もこの動きに加わるようになり、ついにクレメンス十四世は一七七三年イエズス会禁止の親書に署名した。

アミオは一七六一年からは北京においてフランス宣教師団の管財人（Prokurator）、つまり責任者を務めていた。一七七四年にイエズス会廃止の回勅が北京に到着。北京にいたフランス・イエズス会士は十名いたが、おそらく驚天動地の思いでこの命令を聞いたことだったろう。以後、北京にあるフランス教会の資産処分問題や、新司教の着任問題などで、フランス宣教師団は分裂、アミオはその対応に追われることになる。

アミオの著作は、イエズス会廃止の後に完成したものも多い。彼はこうした俗世の荒波を跳ね返すように、著作活動や、また、清の朝廷の仕事に没頭していったのかもしれない。

一七九三年一〇月八日あるいは九日、彼は北京に没した。フランス革命によってマリー・アントワネットが処刑される、一週間前のことだった。

アミオは、イエズス会禁止の回勅を受け取った一七七四年、北京郊外のある家の壁に、イエズス会中国宣教の墓碑銘を綴っている。万感胸に迫るとしかいいようのない文章であり、その引用でこの小伝の〆としたい。

《イエスの聖名において
アーメン。

幾多の嵐に
長きにわたって揺るがなかったがついに打ち負かされ
倒れてしまった。
旅人よ、止まれ、読め。

しばしの間、人間の業の無常に思いを馳せてみよ。真の神を崇敬することをこのうえなくひたむきに海外で教え広めた、かのイエズス会のフランス人宣教師たちがここに眠る。イエズス会士は、痛みと労苦のただ中に、人間的弱さが許す限りで、その聖名を戴くイエスに倣い、徳をもって生活し、隣人を助け、この会はなんとかして何人かでも救うためにすべての人に対してすべてのものになり〔コリントの信徒への第一の手紙九・二二〕ながら、二世紀あまりにわたり花開き、教会に殉教者と証聖者を与えた。私、ジョゼフ＝マリー・アミオと、同じくイエズス会のフランス人宣教師たちは、清朝中国国王の後ろ盾と庇護のもと、また、われわれが携わる技術と科学の助けを頼りにして、今なお神の大義のために働いている。帝国の宮殿でも、偽りの神々の祭壇のただ中で、わがフランス教会は真の威光をもって輝いており、われわれは生涯の終わりまで人に知られることなく悲嘆に暮れつつ、ここ、林立する墓石のただ中に、われわれの兄弟愛を記念するこの碑を建てた。行け、旅人よ。汝の道を進み続けよ。死者を祝福し、生者のために泣き、すべての者のために祈れ。怪しみ、そして黙せよ。

キリスト歴一七七四年一〇月の第一四日、乾隆帝の第二〇年第九の月の一〇日》
（『イエズス会の歴史』ウィリアム・バンガート　上智大学中世思想研究所監修　原書房）

【参考図書（引用書以外）】

『近世中国の比較思想　異文化との邂逅』岡本さえ　東京大学東洋文化研究所
『イエズス会　世界宣教の旅』フィリップ・レクリヴァン　鈴木宣明監修　創元社

ナポレオン・ボナパルトは、『孫子』を読んだのか？

伊藤大輔（航空自衛官）

1 はじめに

本小論は、ナポレオン・ボナパルト[1]が『孫子』を読んだという伝説について、検証するものである。そのためにまず、ナポレオンが『孫子』を読んだという伝説を簡単にまとめる。次いで、それぞれの伝説について分析を試み、ナポレオンが『孫子』を読んだ可能性についての結論を導きだす。そして最後に、ナポレオンの『孫子』伝説が、どのように形成されてきたかを分析する。

2 ナポレオンが『孫子』を読んだという主な伝説

ナポレオンの『孫子』伝説は、次の七つに分類できる。（括弧内は、主唱者[2]）

伝説1　若い頃に『孫子』を愛読した、または座右の書とした。（佐藤堅司、サミュエル・ブレア・グリフィスⅡ世、村山孚、浅野裕一、武岡淳彦、野末陳平、松本一男、上山保彦、桑田悦、守屋洋、中島孝志、是本信義、服部千春、マーク・マクニーリィ、水野実、渡部昇一、有門巧、佐野健二、住友進、ローレンス・J・ブラーム、リ・シェン・アーサー・クオ、安恒理、清水成駿、弘兼憲史、濱本克哉、知的発見！探検隊、前田信弘、長尾一洋、野中根太郎、湯浅邦弘、遠越段、洋泉社編集部、太田文雄）

伝説2　ナポレオンが宣教師に『孫子』を翻訳させた。（松村劭、廣川州伸）

伝説3　『孫子』を寝室に置いて、読んでいた。（ヴァレリー・ニケ[3]）

伝説4　ワーテルローの戦いにおいてポケット版『孫子』を持ち歩いていた。（オーストラリア国立大学[4]）

伝説5　（セント・ヘレナ島で）没落後に『孫子』を読んで、もっと早くこの本を知っていたならば……と詠嘆した。（大橋武夫）

伝説6　得意とした戦術「兵力の急速集中、相対的優勢」、「迂直の計」、「敵を分断、兵力集中、各個撃破」、「糧は敵に因る」は『孫子』の影響である。（佐藤堅司、浅野裕一、服部千春、水野実、榎本秋）

伝説7　『孫子』を活用していた時は勝利し、『孫子』を活用しなくなってから敗北した。

(ジェームズ・クラベル、渡部昇一、野中根太郎、遠越段)

3 若い頃の読書歴

ナポレオンが『孫子』を愛読し、その戦略・戦術に活用していたならば、セント・ヘレナ島で随臣のグルゴー将軍に「予は正に六〇回戦闘を交えたことを確言する! 而も最初から知っていたこと以外何物も覚えなかった(5)」と豪語していたことから、一七九六年四月からの第一次イタリア遠征前までに読んでいた可能性が高い。他方で、ナポレオンの戦略・戦術が『孫子』に影響されたとして引用されるのは、一八〇〇年五月の第二次イタリア遠征におけるアルプス越え(6)や、一八〇五年一二月のアウステルリッツの戦いである(7)。そこで、一八〇〇年の第二次イタリア遠征までに焦点を絞り、その間に四回あるナポレオンが『孫子』を読んだ可能性を個別に分析する。

(1) シャン・ド・マルス王立陸軍士官学校時代　一七八四年一〇月(一五歳)~八五年一〇月(一六歳)

実のところシャン・ド・マルス王立陸軍士官学校時代にナポレオンがどのような本を読んだかは判然としない。しかし、ブリエンヌ王立陸軍幼年学校時代の読書傾向からすると、プルタルコス『英雄伝』、ホメロス『イーリアス』、ポリュビウス『ローマ史』、フラウィオス・アッリアノス『アレクサンドロス大王伝』、ボシュエ『追悼演説集』、ジェイムズ・ボズウェル『コルシカ島紀行』、イタリアの詩人トルクァート・タッソの『解放されたエルサレム』などを引き続き読んでいたと考えられる。なぜなら、後の一七九三年六月（二三歳）に革命運動に失敗してコルシカを去るまで、ナポレオンの読書は一貫して、コルシカに関する書物を中心に、英雄伝、文学を耽読しているからである。この当時のナポレオンの読書傾向からはっきり分かることは、軍事理論の書物に興味がないということである。

サミュエル・ブレア・グリフィスⅡ世米海兵隊准将版『孫子』によれば、ナポレオンは、パリで出版された一七八二年版アミオ訳『孫子』を読んだ可能性があるという。一七八二年版とは、『中国人の歴史、科学、技芸、風俗、慣習などに関するメモワール（*Mémoires concernant l'histoire, les sciences, les arts, les mœurs, les usages, &c. des Chinois*）[8]』の第七巻[9]のことである。この第七巻は、一七七二年に出版されたアミオ訳『中国兵法論　様々な優れた中国人によって紀元前に構成された古代の戦争論集（*Art militaire des Chinois, ou Recueil d'anciens traités sur la guerre, composés avant l'ere chrétienne, par différents généraux chinois*）』と同一の内容であり、翻訳されているのは『武経七書』のうち、『孫子』『呉子』『司馬法』の全訳と『六韜』の一部訳である。しかし、当時のフランスの軍事理論書すら読んでいないナポレオンが、中国の古い兵法書を読んだとは考えにくい。

また、ナポレオンは、一七八五年二月に父が急逝したため、生活費を得るべく半年で卒業試験を受験し、入校から僅か一年で卒業している。卒業試験は、砲兵士官合格者八名中六番目の成績であった。砲兵の試験には、エティエンヌ・ベズー（Étienne Bézout, 1730–1783）の『数学概論（*Cours de Mathématiques*, 1764–67）』[10]が使われているが、本書は、後にコンプリート版が英訳されてハーバード大学の微分・積分の教科書にもなっている。分かりやすく言えば、高校一年生が半年間猛勉強して、センター試験と東大理一の二次試験を受験したようなものである。他の科目の受験勉強にも取り組んでいることから考えて（総合成績は五八名中四二番）、息抜きに馴染みの伝記や小説を読書することはあっただろうが、受験と全く関係がなく娯楽的要素も少ない『孫子』を読んでいる時間まであったとは考えにくい。

(2) オーソンヌ時代 一七八八年六月（一八歳）～八九年九月（二〇歳）

砲兵学校に入校し、連隊長ジャン・ピエール・デュ・テイユ男爵と出会い、運命が開く。デュ・テイユ男爵は、『野戦における新しい砲兵用法（*De l'usage de l'artillerie nouvelle dans la guerre de campagne*）』を書いたジャン・デュ・テイユ騎士の兄である。デュ・テイユ男爵の城館の図書室で、ジャック・アントワーヌ・イポリット・ド・ギベール伯爵の『戦術一般論（*principes de la guerre de montagnes*）』[11]や、七年戦争時のデュ・テイユ男爵の同僚のピエール・ド・ブールセ将軍の『山地戦の原理（*Essai général de tactique*）』を学んだ[12]。また、デュ・テイユ男爵は、フランス陸軍砲兵隊がヨーロッパ随一の装備と運用術を手に入れる大改革を行ったジャン・バティスト・ヴァケット・ド・グリボーヴァル将軍の弟子である。ナポレオンは孫弟子として、ヨーロッパ最高水準のグリボーヴァル・システムの真髄を実地に学ぶことができた。更に、デュ・テイユ男爵から山岳戦における砲兵の運用術についても学んでおり、後のイタリア戦線における作戦計画や部隊運用の基盤となった。

ナポレオンが軍事に目覚めたこの時期に、『孫子』を読んだ可能性はある。しかし、この時期の読書は、砲術（歴史及び運用法）、弾道学、コルシカ関連書籍、古代ペルシャ、ギリシャ、ローマ、インド、古代中国（主として韃靼）、その周辺国の歴史、慣習、習俗、英国史、フリードリヒ大王の伝記、三部会に提出された財政報告書、旅行記、地理学、フランス史、小説が殆どである。古代中国については、ヴォルテールの書籍から、人口（軍隊規模を含む）や地理、天文学などの科学（火砲も含む）について手書き原稿を遺しているが、戦争術や軍人については関心を寄せていない。また、当時のオーソンヌは人口約三〇〇〇人（ブルゴーニュ地方の主都ディジョンは、約三万人、首都パリは、約五五万人）の駐屯地に依存している町であったため、通常一〇〇〇部程度しか印刷されない書籍が、オーソンヌの図書館に蔵書されていたとは考えにくい。以上のことから、オーソンヌ時代に『孫子』を読んだ可能性は低かったと言える。

ところで、ナポレオンは最期の流刑地セント・ヘレナ島について、「セント・ヘレナ島、小さな島……」と、若い頃に手書きしていたという逸話があるが、これは真実である。この頃に読んだラクロア『近世地理』の書き込みとして、「読書ノート」に残っている。[13]

(3) 二回目のヴァランス時代 一七九一年六月(二一歳)～九月(二二歳)

当時のラ・フェールには砲兵学校が所在しており、ナポレオン異動前の一七八九年に連隊長となったのが、アルマン・マリー・ジャック・ド・シャストーネ・ド・ピュイセギュール伯(砲兵大佐、後准将)である。一七三五年のポーランド継承戦争などで活躍したピュイセギュール元帥の孫であり、一七七三年に『中国における戦争術及び軍事科学の現状(*Etat actuel de l'art et de la science militaire à la Chine*)』を出版している。その中でアミオ訳『孫子』について、否定的ではあるが記述している。[14] ナポレオンが着隊した頃、ピュイセギュール伯は異動していたため直接の接点はないが、本書を読んで『孫子』の存在を知った可能性はある。しかし、この時期のナポレオンは、弟ルイとの同居を開始し、勉強を教えるとともに、生活苦改善のため、リヨン学士院による懸賞論文(一二〇〇フラン)への応募を決意し、[15] フィレンツェ史や古代ギリシャの歴史、旅行記、インドや中南米の地誌、ヴォルテール、ルソー、アダム・スミスなどを読み、論文執筆に努力を傾注している。懸賞論文のテーマが「幸福について」であることから見ても、関係のない『孫子』を読んでいる余裕はなかったと言える（懸賞論文の結果は、落選であった）。

(4) エジプト遠征時代　一七九七年一〇月（二八歳）～一七九九年（三〇歳）

ナポレオンは、遠征前にエジプトに関する報告書や旅行記を読んでいる。一六七名の東洋学者、天文学者、数学者、博物学者、物理学者、医者、科学者、技術者、植物学者、画家、詩人、音楽家などを同行[16]したが、ナポレオンの友人の詩人アルノーに頼んで同行を断った学者の一人に、ルイ・マシュー・ラングレス（Louis-Mathieu Langlès, 1763-1824）がいる[17]。ラングレスは、当時気鋭の東洋学者（アラビア語、トルコ語、ペルシャ語、満洲語、梵語などに精通した東洋言語の教授）であり、現在のＩＮＡＬＣＯ（フランス国立東洋言語文化研究所）の前身として一七九五年に創設されたパリ東洋言語学校の初代運営者である。東京大学東洋文化研究所の新居洋子博士の研究[18]によると、ラングレスは一八世紀後半にアミオ士が仏訳した満洲語諸典籍について、満洲語に関する先駆的著作として重視し、関心を寄せている。その典籍の中に、『孫子』を含む満文『武経七書』があり、一七八二年に『中国人の歴史、科学、技芸、風俗、慣習などに関するメモワール』の第七巻として出版されている。ラングレス自身も、一七九〇年にタタール（韃靼）や満洲についての研究を発表している。ナポレオンの近いところに、アミオ訳『孫子』を読んだ学者がいたことから、ナポレオンが『孫子』の存在を認識した可能性はある。

しかし、エジプト遠征用の移動図書館として、経済学者ジャン・バティスト・セイが責任者となって揃えられた名著二万五三二九冊には、名将や名君の伝記、築城及び火器に関する論文、聖書、英国の小説四〇冊、ゲーテ『若きヴェルテルの悩み』[19]などが含まれていたが、残念ながら『孫子』が含まれていたという記録はない。また、ナポレオンが航海中に読んだ本は、旅行記、古代ギリシャやローマの伝記、歴史、詩、モンテスキュー『法の精神』、『コーラン』[20]などであり、『孫子』を読んだとの記録はない。エジプト遠征は、制海権を失ったため、補給・輸送に困難が生じるとともに、オスマン帝国の宣戦布告に対応するべく急遽行ったシリア遠征で敗退するなど、危機的状況の連続であり、ナポレオンがインドより東方の中国の古代兵法にまで関心を持てる状況にはなかった。

4 第一執政から皇帝時代の読書歴

ナポレオンの皇帝図書室について、ジャック・ジャーキン氏（Jacques Jourquin, 1935–）の研究によると、ナポレオンの図書室に『孫子』は蔵書されていなかったという[21]（本小論の執筆にあたって、筆者は残念ながらこの複数巻にわたる大著を読むことができなかったため、IHEDN（フランス国防高等研究所）の関連資料から孫引きした）。

ナポレオンのテュイルリ宮殿などの寝室兼図書室（ここで、例えばフランス座の女優やジヨゼフィーヌの侍女との逢瀬を重ねていた。イメージとしては、本棚とベッドのある毛沢東の菊香書屋と同一と考えてよかろう）において、最新のニューズ（特に、国外）や、新刊の小説、雑誌といった知的好奇心をかき立てる情報や息抜きとなる本を多く読んでいたが、『孫子』を読んだ形跡は見られない。

戦場のナポレオンは、『孫子』を常に持ち歩いていたのであろうか。ナポレオンが夜間の旅や本格的な大移動を行う際は、四～五人乗りの駅伝馬車を用いたが、この馬車は折りたたみ式ベッド（セント・ヘレナ島でも愛用している）や特製書架を備えており、夜でも仕事や読書ができるように、巨大なランタンの明かりが車内に入るよう特別な窓がつけられていた。[22] また、特製書架の他に本を持ち歩く方法として、野戦叢書と呼ばれる本の入ったマホガニー製の小箱があった。[23] これは、忠僕マルシャンと従僕で六個携行できる程度であり、ワーテルローの戦いの際には、この六箱に八〇〇冊を携行したという。[24] 特製書架や野戦叢書には、ホメロス『イーリアス』、プルタルコス『英雄伝』、マクファーソン『オシアン物語』や、地理及び歴史書などの古典が入れられていた。[25] 当時のフランスにおいて、『孫子』は古典と認識されておらず、戦場の図書室に持ち込まれていたとの記録はない。古典の他には、愉快な小説や雑誌も持ち込んでいる。軍事的観点からは、帝国軍総司令部の「知の聖域」と呼ばれ、ナポレオンの知恵袋バクレ・タブルが仕切っていた地勢図制作局に、対象国の地理、歴史、政治経済などの関連書籍を多数持ち込んでいる。[26] さらに、岡山大学の本池立《もといけりつ》教授によれば、一八〇八年七月、ナポレオンは図書係に対して、遠征中にも書物に困らないよう「美しい活字で印刷された活字一二ポイントの小版の書籍約一〇〇〇冊からなる移動図書室を作ることを欲する。それら書籍は場所をとらないために余白をなくし、陛下個人用に印刷させることを求める」と書き、歴史書、とりわけあらゆる時代の回想録を集めるよう指示している。(27)ただし、この縮刷版については、六年の歳月と数百万フランの費用を要すると知って、一部の特注本（ルソーやヴォルテールの著作集など(28)）を除き遂に思い止まったという。(29)アミオ訳『孫子』について言えば、余白をなくして、一二ポイントで印刷されたポケット版は発見されていない。

戦場の図書室に存在した記録がなく、縮刷版として作られた記録もないことから、戦場（伝説によれば、ワーテルローの戦い）にポケット版『孫子』を持ち込んだという話は事実とは言い難い。

この時期に特筆すべきナポレオンと中国の関係では、『漢仏羅対訳字書』の編纂が挙げられる。これは、一八〇八年にクリスチャン・ルイ・ジョセフ・ド・ギーヌに命じて、一八一三年に初版が完成している。(30)

5 セント・ヘレナ島での読書歴

ナポレオンの忠僕ルイ・ジョゼフ・ナルシス・マルシャンによれば、遺品の中に「フランスから持ち込んだ本五八八冊、イギリスから送られた本及びパンフレット類、一二二六冊」[31]の一八一四冊があり、「最も役立った本四〇〇冊」[32]があった。しかし、散逸した結果、ナポレオンが読んだ本の目録は、ヴィクトール・アドヴィエル（Victor Advielle, 1833-1903）の『セント・ヘレナにおけるナポレオンの図書室（*La bibliothèque de Napoléon à Sainte-Hélène*, 1894）』[33]によると、僅か一一二冊である（筆者はこの目録の存在を、守屋先生を通じて、ベニエ守屋そよ先生に教えて頂いた）。

ナポレオンは、セント・ヘレナ島において、ナポレオン戦史や歴史上の名将の戦争術等の口述筆記を日課としていた。随行者の回想録や先の図書目録によると、読書は朝と夕食後に行い、小説類、詩、悲劇、戦史、砲術（数学を含む）、旅行記、地誌、歴史書、聖書などを読んでいる。中国については、目録に三冊の中国地誌本があったが、『孫子』に関連する書籍はなかった。四二番アイルランド出身の英国外交官ジョージ・マカートニー卿の『中国内陸部の旅行記（*Voyage dans l'Intérieur de la Chine*）』、四六番探検家ジョン・ミアーズの『中国旅行記（*Voyage de la Chine en 1788 et 1789*）』、そして一〇一番ジョゼフ・アンヌ・マリー・ド・モイヤーク・ド・マイヤ士の『支那全史（*Histoiregénérale de la Chine*）』である。また、ナポレオンは日本を知っていた。目録の八六番スウェーデン出身の博物学者カール・ペーター・ツンベルクの『日本紀行（*ses Voyages au Japon*）』[34]がある。さらに、ナポレオンは、戦史の口述に関連するもの以外にも様々な旅行記や地理学を読んでおり、なかには目録四八番のマンテル（Mentelle）、マルタ・ブルン（Malte-Brun）とエルバン（Herbin）『世界各地の数理的、歴史的、政治的地理学（*Géographie mathématique, Historique et politique de toutes les Parties du Monde*）』といった、数学（統計学）と地理学の本もある。

読書の他での中国との関わり合いでは、ナポレオンは、中国史上の人物で唯一チンギス・ハーンについて、「私には四人の息子のいたチンギス・ハーンの幸せはなかった、それら息子たちの競争意識はもっぱら父親によく尽くすことだったのだ」[35]などと発言している。また、一八一六年三月には、寄港した中国通商艦隊の士官を引見し、中国との取引の性質、接触の難易、風習（主として商慣行）等について話すとともに、[36]以前から所望していた中国象棋（シャンチー）を購入している。[37]一八一七年八月には、英国使節団の中国訪問艦隊の艦長バジル・ホール（Basil Hall, 1788-1844）が、英国への帰路、ナポレオンと会談した。面会を渋っていたナポレオンが会見したのは、ホール艦長の父親ジェームズ・ホール卿がブリエンヌ王立陸軍幼年学校[38]でナポレオンと同窓だったことを思い出したからである。琉球の話になり、ナポレオンは琉球の存在を知らず、広東、日本、マニラから何里か質問している。当時、海上から中国に入る玄関は広東であり、ナポレオンは中国の主要港の地理を知っていた。ちなみに、この時、ホール艦長は、硫黄島の水彩画をナポレオンに見せたのだが、ナポレオンは「セント・ヘレナ島そのままだ」と発言している。[39] ホール艦長が随行した訪中団は、英国の外交官ウィリアム・ピット・アマースト卿一行であるが、帰路は別であり、先行したアマースト卿は、一八一七年七月にナポレオンと単独会談した。[40] そこでナポレオンが「中国は眠れる獅子である。ひと度目覚めれば、世界が震撼するだろう」と発言したと言われているが、それを書き留めた資料は発見されていない。このナポレオンの「眠れる獅子」論は、二〇〇四年に中国の「環球時報」やシンガポールの「聯合早報」が論じているように、梁啓超が一八九九年に発表した寓話『動物談』の中に出てくる「眠れる獅子」論と、会見時のナポレオンの発言「イギリスが中国を刺激し過ぎて、中国の二億人の民が武器を取って立ち上がったらどうするのか、周到に考慮するべきであろう」が融合して変形した結果であろう。

中国への関心を最後まで持っていたナポレオンであるが、チンギス・ハーン以外の中国の軍人や戦史を知っていたという形跡はない。よって、セント・ヘレナ島で『孫子』を読んで詠嘆したという伝説は、第一次世界大戦後に「二〇年前に読んでおけば……」と詠嘆したドイツ皇帝ウィルヘルム二世の伝説（筆者は、これも伝説と考えているが本稿と関係ないので分析しない）との同化または混同と考えられる。

6　ナポレオンの用兵（用兵は兵学 Science of war と兵術 Art of war の総称）

ナポレオンが『孫子』を応用したとする伝説は、ナポレオンの戦術や兵站の特徴に基づいている。「兵力の急速集中と相対的優勢確保の戦術」[41]、「敵を分断、兵力を集中、各個撃破」[42]、「敵の虚を突く」、「敵の守っていない場所を攻める」[43]、「速度を武器にする」、「糧を敵に因る」[44]。これらの特徴が、西洋近代の用兵にはなくて、『孫子』にのみあるとするならば、ナポレオンが『孫子』を応用したと言えよう。そこで、ナポレオンが学んだフランスの西洋近代の用兵に、上記の内容が含まれていないか検証する。

(1)　兵力の急速集中と相対的優勢確保の戦術

当時の用兵において、縦隊（縦列が深く、衝撃力に優れる）と横隊（横一線に並び、火力発揮に優れる）のいずれが優れているかという問題が重要なテーマであった。フランス軍は、ジャン・シャルル・ド・フォラール騎士（一六六九－一七五二）、ジャック・フランソワ・ド・シャストーネ・ド・ピュイセギュール元帥（一六五五－一七四三）、モーリス・ド・サックス元帥（一六九六－一七五〇）、ポール・ギデオン・ジョリー・ド・マイゼロア（一七一九－一七八〇）などが縦隊を推奨し、当時のヨーロッパで普及していた横隊といずれを取るかという問題で、七年戦争時代に影響力のあったブロイ元帥が実地演習を行った結果、どちらも必要とのことで、縦隊及び横隊のいずれも含む混合隊形が採用された。また、ギベール伯（一七四三 ― 一七九〇）の理論の採用によって、縦隊から横隊への移動間の再編が可能となり、行軍から戦闘にそのまま移行できるようになった。そして、サックス元帥の軍隊規模の適正化のための師団編成導入、行進同調のための軍楽隊導入、ピュイセギュール元帥の地理と数学の活用、ギベール伯の行進間再編運動、グリボーヴァル将軍の歩騎兵に随伴できる野戦砲兵隊の編成、フランス革命以降の愛国心のある義勇兵、志願兵や義務的徴兵制による脱走兵減少の利点を生かした現地調達（徴発）方式の採用等により、重い荷物を運ぶことや、頻繁に止まって員数確認を行う必要が減ったため、フランス軍は諸国に比較して行進速度が速く、高い機動力を有する軍隊となった。ナポレオンは、フランス革命戦争で武名を挙げた他の将軍と同様、それまでの軍制改革と愛国心のある義勇兵や徴兵の確保によって、団結力と機動力のある軍隊を運用することができた。ナポレオンは、オーソンヌ時代に上述の先人達の著書や戦史を読書研究するとともに、恩師デュ・テイユ男爵の演習訓練に熱心に取り組み、それまでの作戦線や補給線の維持を前提とした守勢的な戦い方よりも、機動力と打撃力に優れた軍隊を用いての突破と追撃に重きを置いた戦い方を習得した。これに加えて、ナポレオンが他の実績ある将軍を飛び越えて劇的な成功を収められたのは、一瞬で軍事状況を見抜く天稟の才能(45)、透徹した使命観、戦局に応じて柔軟に対応し得る迅速な作戦サイクル（状況判断、決心、計画、命令、監督指導を適時に、連続的かつ体系的に行う指揮幕僚活動）を行ったこと、苦境に陥っても堅確な意志と士気の振作《しんさく》（奮い起こすこと）により目標達成のための活動を断固実行したこと、当時最高レベルの野戦砲兵の大量集中使用、騎兵の利活用（特に情報面）、宣伝が上手だったこと、政治的主義に拘りがなかったことによるものであろう。

(2) 敵を分断、兵力を集中、敵の虚を突き、各個撃破

ピエール・ド・ブールセ将軍（一七〇〇―一七八〇）は、イタリア戦役（一七三四―三五）において、国境の地理を研究し、山地戦では、防者が道路を容易に阻止し得ることに着目し、師団編成に分散して進撃し、目的地で合流し、集中した兵力で目的を達成するという「分進合撃」を編み出した。要衝の地を押さえるべく、我の企図を秘匿して主攻部隊と陽動部隊に分け、広正面にわたって分進合撃することにより、我がどこを攻めるか不明の「敵は部隊の分散を余儀なくされ、敵が兵力の合一を図るに先だちわれは地形を利用して有利な態勢を獲得し、要点に再集中する」[46]という、敵の虚を突く戦術を確立した。これにより、こちらにつられて分散した敵を各個に撃破することが可能となった。ナポレオンは、ブールセ将軍の戦争術について、一七九一年八月にデュ・テイユ男爵から学ぶとともに、合わせてテイユ男爵から山岳戦における砲兵の運用方法について学んでいる。これら

の戦い方は、一七九四年からのイタリア方面軍（少将〔Général de brigade〕、当時のフランス陸軍には准将という階級がなかったため、ふつう少将と訳す）時代に、部分的に応用して成功しており、一七九六年の第一次イタリア遠征において大胆に活用することとなった。

(3) 糧は敵に因る

三〇年戦争時にスウェーデン王グスタフ・アドルフが購買又は徴発による移動倉庫方式を採用し、部隊に大行李（輜重部隊）を随伴させた。プロシア軍は、それを発展させて五日行程の倉庫給養方式を採用した。これは、倉庫を基点として、その三日行程前方にパン焼き釜を設置し、さらにその二日行程前方に進出して敵と戦うというものである。フリードリヒ大王の登場によって、明確な輜重部隊が誕生する。しかし、輜重部隊は鈍重なため、軍隊の機動力に大きな掣肘を加えることとなった。そこで、ギベール伯は、要塞や食糧倉庫に依存する戦争方式では機動を阻害するとともに、常に後方連絡線や補給線を守らなければならなくなる弊害を除去するため、現地調達を推奨した。フランス革命戦争において、諸国との戦争継続と財政逼迫を受けてラザール・カルノーが、徴発、強要、手形売買による正貨獲得の必要から、この現地調達を採用するに至った。そして、この現地調達を可能としたのが、サックス元帥が提唱した独立した軍隊の編成である。一定期間の独立戦闘が可能で、単独で行軍可能な軍団と師団を編成するというものである。これは、デュボア・

クランセが考え方を纏め、カルノーが、一七九五年までに一三個の野戦軍を新編し、その中に前線用の師団を編成した(47)。これにより、比較的小部隊に分散して行軍するようになったため、小さい村々からの徴発が可能となった。ナポレオンは、ギベール伯やカルノーの考えに基づき機動力重視のため、輜重に依存しない戦い方を採用しているが、当初は、予算及び物資の不足により、そもそも現地調達に因るしか方法がなかったのである。ナポレオンは、その成功体験から現地調達を継続しているが、それに甘んじることなく陸軍物資総合補給部(兵站部)を創設して常に士気に直結する給養の確保に努めている。特に、豊かではない地域(ポーランド以北)へ遠征する場合には、十分な補給輸送体制の確立に尽力している。ただし、陸路に因った貧弱な輸送力しか確保できなかったため、前線まで物資を運ぶことはできなかった。また、海上輸送力を失ったエジプト遠征や準備不足で始めたスペイン遠征では、十分な給養を確保できていない。

(4) ナポレオンの戦いの原則(48)

主として名将の戦史や伝記から戦いの原則を学び取ったナポレオンは、名将の戦史を学ぶことが大将帥への唯一の道であると言っている(49)とおり、自身の戦史や名将の戦争術について口述筆記したが、「戦いの原則」論集としては遺していない。この点からも、戦史や伝記の記述のない戦いの原則論集である『孫子』を好んで読んだとは考えにくい。

なお、ナポレオンの死後の一八二七年に、フランスにおいてロシア皇帝の軍副官ブルノ(Burnod)将軍が、ナポレオンが戦いで実際に用いた七八の原則を集成し、『ナポレオンの戦いの原則(*Maximes de guerre de Napoléon*)』として、豊富な戦史戦例やライモンド・モンテクッコリ伯爵の手録とフリードリヒ大王の教令に基づいた解説を附して出版している。本書は、ナポレオン三世治下の一八六三年に、フランス元老院議員のユソン(Husson)将軍が、ナポレオンの手録や書簡等から集成したナポレオンの三七の戦いの原則と四一六の思考を追加して『ナポレオン一世の戦いの原則と思考(*Maximes de guerre et pensées de Napoléon Ier*)』[50]として普及している。

この原則論集はナポレオンの他、アレクサンドロス大王、ハンニバル、カエサル、グスタフ・アドルフ、テュレンヌ、フキエール、プリンツ・オイゲン、フリードリヒ大王の発言や戦史戦例を引用しつつ、戦争観、戦争計画、歩騎砲兵の運用術、攻撃、防御、要塞戦、士気、食糧、武器、給与、宿営、行進、指揮統率、将帥論、陸軍と海軍の将帥の資質の違い等について述べている。『孫子』に類似している原則もあるが、西洋近代の用兵から導出していることが明白であり、中国史上の軍人や軍事論集からの引用がないことからも、『孫子』から直接影響を受けているとは言い難い。

ちなみに、この『ナポレオン一世の戦いの原則と思考』のうち、戦いの原則は、ブルノ将軍の一〜七八則が第一篇、ユソン将軍の七九〜一一五則が第二篇である。第一篇の七八則は、一八三一年に、当時大佐だったイギリス陸軍のバス四等勲爵士ジョージ・チャールズ・ダギュラー中将（Lt. Gen Sir G. C. D'Aguilar, C. B）が英訳し、『士官掌録（*Officer's Manual : Military Maxims of Napoleon*）』として世界的に普及した。[51] 本書が我が国に輸入され、このうち最初の三七則が、慶応三年（一八六七）福地源一郎の翻訳により『那破倫兵法』[52]として出版された。我が国において一一五則がフランス語から全訳され普及したのは、明治一八年（一八八五）に月曜会文庫[53]から出版された『拿勃烈翁兵家格言』によってである。

以上見てきたとおり、ナポレオンは西洋近代の用兵を基礎としており、『孫子』からの学びは見られなかった。

7 結論

調査の結果、ナポレオンが『孫子』を読んだという確証は得られなかった。

法政大学の長部教授は、ナポレオンの読書傾向は「もっぱら知識の獲得に重きを置くもの」であり、「数字にたいするナポレオンの関心の高さに驚かされる」[54]と指摘している。『孫子』には数字が沢山出てくることから、もしも読んでいたならば、五事七計、九天、九変、九地、五火などの数字を書き留めていたであろうが、そのような手書き原稿は発見されていないし、発言もない。

フランスの軍事学は、三〇年戦争以降の数多の戦役を経て、混合隊形や歩騎兵に随伴できる野戦砲兵を生かした機動力と衝撃力のある三兵運用の追求を行ってきた。特に、ピュイセギュール元帥やブールセ将軍、ギベール伯、グリボーヴァル将軍の考え方が『孫子』に近い。そのため、西洋近代用兵の発展の歴史をよく知らない人びとの間で、中国への関心が高かったナポレオンの用兵術や兵站術だけを見て、『孫子』を読んだに違いないという混同が起こったものと思われる。

8 ナポレオンの『孫子』伝説の誕生

最後に、ナポレオンが『孫子』を読んだという伝説は、どのように形成されたのかについて考察する。ナポレオンが『孫子』を愛読したという話が、我が国の『孫子』関連本に記載されるようになったのは、昭和三七年（一九六二）である。昭和三七年一月二五日発刊の『孫子の思想史的研究』（佐藤堅司《さとうけんじ》、風間書房）と昭和三七年一〇月一五日発刊の『現代に生きる孫子の兵法』（岡村誠之《おかむらまさゆき》、産業図書）である。この昭和三七年説について、佐藤堅司博士と岡村誠之陸軍大佐の著作の変遷から検証する。

まず、佐藤堅司博士の記述の変遷を追ってみる。佐藤博士は、戦中、戦後に次の五冊を出版している。『日本武學史』（大東書館、昭和一七年〈一九四二〉八月一〇日）、『世界兵法史 西洋篇』（大東出版社、昭和一七年〈一九四二〉一一月一〇日）、東京帝国大学文科大学での学位論文を納めた『ナポレオンの政戦両略の研究』（愛宕書房、昭和一九年〈一九四四〉一一月二〇日）、文学博士学位請求論文『孫子の思想史的研究』（風間書房、昭和三七年〈一九六二〉一月二五日）、『孫子の体系的研究』（風間書房、昭和三八年〈一九六三〉八月二〇日）。『日本武學史』には、ナポレオンは「三兵（歩騎砲兵）戦術の完成者」として出てくるが、『孫子』を読んだとの記述はない。『世界兵法史』には、『孫子』の記述はない。一二章で、ナポレオンとヒトラーの比較を行い、牽強付会な解釈によってヒトラーに好意的な言辞を述べている。これが、本人の言から推察すると、戦後の反省（重大な錯誤の発見、懺悔。佐藤博士は、公職追放されている）としての『孫子』研究に繋がったと考えられる。

『ナポレオンの政戦両略の研究』（佐藤、昭和一九年）

箕作博士の御注意により、私自身の頭を養ふために『孫子』を読んだり、クラウゼウィッツの『戦争論』を読んだりした。また同先生の御指令により、当時陸軍編修であつた長瀬鳳輔先生を参謀本部に訪問して、ナポレオン戦史研究に関する御指令を仰いだこともあつた。（はしがき）

『孫子の思想史的研究』（佐藤、昭和三七年）

ナポレオンは『孫子』の愛読者であつたと称される。さうすれば、孫子の速戦速決主義（拙速）や集中戦略（専一）は、ナポレオンに対して魅力となつたであらう。（三一頁）

しかし、一八〇九年戦役以降、フランス軍の素質は、著しく低下した。訓練の不十分な軍隊をもつて、ナポレオン型の新戦略を行はうとしたところに、敗戦の理由があつたのである。水練者水に溺れるの譬にもれない。『孫子』に親しんだナポレオンであつたとするなら、セント・ヘレナで孫子の不戦主義と万全主義とを回顧すべきであつたらう。（三二頁）

「戦術は十年にして変化する。」といつたナポレオンに対しても、孫子は戦略において多くの共通点を示してゐる。戦争と経済との関係においても、両者は符節をあはせてゐる。ナポレオンは孫子の「因㆓糧於敵㆒。」をそのまま実行してゐる。（七九頁）

『孫子の体系的研究』（佐藤、昭和三八年）

ナポレオンの用兵に対しても、孫子は多くの共通点を示してゐる。戦争と経済との関係においても、両者は符節をあはせてゐる。ナポレオンは孫子の「糧を敵に因る。」をそのまま実行してゐる。（一〇五頁）

我が国のナポレオン研究の第一人者は、東京帝国大学教授の箕作元八《みつくりげんぱち》博士(55)と戦後に国士舘大学の初代学長となる長瀬《ながせ》鳳輔《ほうすけ》博士である。両博士は、明治及び大正時代にナポレオンに関する著作を出版しているが、ナポレオンと『孫子』の関係には言及していない。

佐藤博士は、戦前は箕作博士の指導に基づき、自分の頭を鍛えるために『孫子』を学んだと記述しているが、戦後の昭和三七年になると、ナポレオンが『孫子』を愛読したと記述している。そして、昭和三八年には、ナポレオンが『孫子』を愛読したとは直接書かずに、『孫子』とナポレオンに共通点があると書き、食糧の現地調達を『孫子』に学んで行ったのか、『孫子』と共通する方法で行ったのか、曖昧に記述している。

岡村誠之大佐は、陸軍省人事局員、参謀本部部員大本営参謀や駐蒙軍高級参謀経験者である。戦後に『孫子』の本を次の三冊出版している。『孫子の研究』(立花書房、昭和二六年〈一九五一〉一一月一日)、『現代に生きる孫子の兵法』(産業図書、昭和三七年〈一九六二〉一〇月一五日)、『ポケット孫子』(東洋政治経済研究所、昭和四〇年〈一九六五〉六月一日)。最初の書では、ナポレオンに関する記述はない。

『現代に生きる孫子の兵法』(岡村、昭和三七年)

ナポレオンは孫子の愛読者であったといわれ、ドイツ皇帝ウイルヘルム二世は第一次世界大戦後孫子をよみ、「二十年前によんでおくべきであった」と述懐したといわれている。(四〇頁)

> 『ポケット孫子』（岡村、昭和四〇年）
>
> ナポレオンが孫子を研究したという人があるが、それはあやしい。（二一〇頁）

岡村大佐は、昭和二六年当時はナポレオンと孫子の関係について知らず、昭和三七年になって知り自著に記述したが、時間が経ってよくよく考えてみたら「あやしい」という結論を昭和四〇年に出している。

国内で佐藤博士の『孫子の思想史的研究』以前に遡れないのであれば、国外で昭和三七年頃に何か『孫子』とナポレオンを結びつける動きがあったのではないか。そうしてみると、昭和三八年（一九六三）に米国で発刊されたサミュエル・ブレア・グリフィスⅡ世米海兵隊准将の『孫子』(56)の影響が考えられる。本書は、昭和三五年（一九六〇）一〇月に、グリフィス准将がオックスフォード大学に博士号取得要件の一つとして提出した論文を基に書かれている。その「まえがき」に、ナポレオンが『孫子』を読んだと記述している。

京都大学の平田昌司教授の『孫子　解答のない兵法』（岩波書店、平成二一年〈二〇〇九〉、一三五頁）によれば、「グリフィスの研究が進行中であることを一九五八年八月に知った佐藤は、日本兵法研究の視角から再び『孫子』に取り組みはじめ、翌五九年六月に論文『『孫子』の思想《ママ》的研究――主として日本の立場から』をまとめて謄写版で刊行」した。

佐藤博士の『孫子の思想史的研究』は、昭和三五年一月に非売品として昭和謄写堂が発刊し、昭和三七年一月二五日に風間書店から普及版が出版されている。佐藤博士の『孫子の思想史的研究』（昭和三七年、自序三頁）によれば、「昭和三三年五月、オックスフォード大学において『孫子』に関する学位論文作成中の元米国将校グリフィス氏からの、「孫子の兵法は唐代に日本に伝来したといふ証拠があるかどうか。」その他五六の質問に私が答へる義務を負はされたことを機縁として、私は『孫子』を本格的に研究してみよう、またこれを書いてみよう、といふ意欲を、禁じ得ないやうになつてきた」とあり、平田教授が指摘した時期と異なる。

以上のことから、グリフィス准将の研究が、佐藤博士の論文を通して昭和三五年から昭和三七年の間に、我が国に影響を与えたと言えよう。

それでは、グリフィス准将よりも前にナポレオンと『孫子』の関係を発表した書物がないか、国外の『孫子』本について検証する。

一九一〇年に、英国のライオネル・ジャイルズ博士（Lionel Giles）は、一八七七年に再刊された孫星衍校訂の十家註本[57]を底本として『孫子（*The Art of War, Sun Tzu*）[58]』を翻訳出版した。本書は、西洋初の漢文からの直訳であり、英語圏では、グリフィス版『孫子』と並んで今でも利用されている。本書は、題名の次頁に記載されているとおり、当時、英国陸軍工兵隊で勤務していた弟のバレンタイン・ジャイルズ大尉に、今日の兵士にも考慮する価値のある教訓が含まれているとの観点から捧げられたものである。さらに、本書の特筆として、ケンブリッジ大学のトマス・ウェード教授が開発し、ライオネルの父親で中国語教授であったハーバード・ジャイルズが発展させたウェード・ジャイルズ翻訳方法を用いて、『孫子』を「Sun Tzu」と表記したことである。本書を嚆矢として、西洋の『孫子』本は「Sun Tzu」と表記することが一般的となった（西洋では、一九七九年以降、中国名の翻訳に簡体字が用いられるようになり、簡体字版『孫子』は「Sun Zi」と表記されている）[59]。本書では、翻訳のみならず解説が付されており、そこにはハンニバル、テュレンヌ元帥、ナポレオン、ウェリントン、ネルソン、モルトケなどの戦例や格言が引用されている。しかし、ナポレオンが『孫子』を読んだとの記述はない。

一九二二年に、フランスのショレ中佐（Lieutenant-Colonel E. Cholet）[60]は、一七七二年版のアミオ訳『中国兵法論』を再構成して、『古代中国の兵法　二千年前の戦争のドクトリン（*L'Art Militaire dans l'Antiquité Chinoise, Une Doctrine de Guerre bi-millénaire*）[61]』を出版した。本書は、『孫子』『呉子』『司馬法』『六韜』を、「戦争」「軍隊」「兵数」「士気」「規律」「将帥」「将帥の質」「天・地・時」「原則」「行動の自由の原則」「情報の優越」「秘匿」「指揮の原則・関心」「協同」「経済の原則」「行動の持続の原則」「統一と集中の原則」「命令」「戦闘と会戦」に分類している。ショレ中佐は、『孫子』と同様の考え方や指針が含まれているフリードリヒ大王やナポレオンの格言を引用したと記述しているものの、ナポレオンが『孫子』を読んだとの記述はない。ちなみに、本書には「アミオ訳『孫子』

が一八世紀ヨーロッパの戦略思想に影響をおよぼしたという説[62]」も書かれていない。

一九四四年に、米国でトーマス・R・フィリップス准将（Thomas R. Philips）[63]が、ジャイルズ訳に解説と注釈を附して『孫子（*The Art of War, Sun Tzu Wu*）[64]』を出版した。本書でも、ジャイルズと同様に、ハンニバル、カエサル、ナポレオン、ウェリントン、モルトケ、ドイツ軍の電撃戦等の戦史や格言を引用しているが、ナポレオンが『孫子』を読んだとの記述はない。

一九四八年に、フランスのルシアン・ナシン大佐（Lucien Nachin）がアミオ訳『孫子』を基に『孫子と古代中国の呉子と司馬法（*SUN TSE et les anciens Chinois OU TSE et SE MA FA*）[65]』を出版した。特筆すべきは、本書は、アミオ訳に依拠していると言いつつも、アミオ訳をかなり削除して、かつ意訳している。そのため、アミオ訳『孫子』が抄訳であるかのような印象を与えてしまったことである。本書も、ナポレオンの格言を引用しているものの、ナポレオンが『孫子』を読んだとの記述はなく、寧ろ、アミオ訳『孫子』「第5章 軍の指揮における巧妙さ（兵勢）」の「熟慮」に関する記述の注釈で、「ナポレオンは、彼が時々つかみ取った電光石火の決定（直観）に別の起源があることを知らなかった」と記述しており、ナポレオンは『孫子』を知らなかったという書き方である。

一九六三年に出版されたサミュエル・ブレア・グリフィスⅡ世（Samuel Blair Griffith II）米海兵隊准将の『孫子』は、一九六〇年一〇月にオックスフォード大学に博士号取得要件の一つとして提出された論文を基に書かれている。本書の「まえがき」に、次のとおり記述されている。

『グリフィス版　孫子　戦争の技術』（グリフィス、一九六三）

近年、中国の編集者が唱える通り、ナポレオンが読んだのはこの再録版であろう。将来の帝王となる若き将校は熱心な読書家であったから、この異彩を放つ書籍を見逃したとは思えない。（一四頁）

ここで言う再録版とは、一七八二年版のことを指す。

なお、本書の序文は、西洋における『孫子』理解の立役者であるバジル・ヘンリー・リデル・ハート卿が担当しており、自身が『孫子』に興味を持ったのは一九二七年春と述べている。しかし、リデル・ハート卿が一九三二－三三年にかけて行ったケンブリッジ大学での講義録を集成した著書『ナポレオンの亡霊』に、『孫子』は登場していない。『孫子』と西洋軍事を結びつけたリデル・ハート卿にも、ナポレオンが『孫子』を読んだという認識がなかったことがわかる。

一九七二年、グリフィス版『孫子』をフランス語に翻訳したのが、フランシス・ワン（Francis Wang）である。本書は、科学的にも信頼できるフラマリオン版（éditions

Flammarion）であったことから反響を呼び、フランスでの『孫子』普及に大きく貢献した。フランシス・ワン訳『孫子』は、後に『フランシス・ワン訳　孫子』（小野繁訳、重松正彦註記、葦書房、平成三年〈一九九一〉八月三〇日）として日本でも出版された。

一九八一年、オーストラリア出身で米国に帰化した小説家ジェームズ・クラベル（James Clavell）[66]は、ジャイルズ訳『孫子』を編集し、その序文に次のとおり記述している。ナポレオンは『孫子』を活用している時は勝ち、活用しなくなって敗北したという伝説の原型が登場している。

一七八二年に『孫子の兵法』がイエズス会のアミオ士によってフランス語に初めて翻訳された。この小冊子がナポレオンの成功の鍵であり、彼の秘密兵器だったという伝説がある。確かに、彼の戦いは機動力に依存しており、機動力は孫子が強調したことの一つである。確かに、ナポレオンはヨーロッパの殆どを征服するために孫子を活用した。そして、孫子の原則を破った時だけ、彼は敗れた。[67]（一一頁）

一九八八年、フランス戦略研究財団（ＦＲＳ）アジア研究主任のヴァレリー・ニケ博士（Valérie Niquet）は、フランス人として初めて中国語から『孫子（*Sun Zi, L'Art de la guerre*）』を翻訳した。一九九九年の第二版と二〇一二年の第三版には、「現代中国の研究者によると、ナポレオンの枕元に『孫子』が置かれていたと言われている」[68]との記述がある。ニケ博士が初訳した一九八八年版には記載がないのは、この記述が一九九八年に出版された中国人研究者の本からの引用だからである[69]。この伝説は、毛沢東の菊香書屋にフランス革命やナポレオンの本が置いてあったという話からの比定であろう。なお、ニケ博士は、一九七九年から西洋で普及しだした簡体字を用いて中国名を翻訳しているため、孫子を「Sun Zi」と表記している。

国内外の『孫子』関連本について検証した結果、ナポレオン伝説は、一九五〇年代後半から一九六三年の間に作成されたグリフィス版『孫子』が発信源となって広く巷間に流布したものと考えられる。

それでは、グリフィス版『孫子』について、より深く検討していく。グリフィス准将は、「近年、中国の編集者が唱える通り、ナポレオンが読んだのはこの『孫子』再録版であろう」と記述していることから、中国の編集者（原著では、one Chinese editor）が発信源であろう。これを言い出したのは、一九六〇年以前の中国人ということになる。さらに言えば、先述の佐藤博士論文の完成時期以前であるから一九五九年以前の中国人と言えよう。

中国において『孫子』が再評価されたのは、中国人民解放軍における軍事理論の大家である郭化若中将（一九〇四－一九九五）によってである。郭中将は、中国人民抗日軍事政治大学歩兵学校教育長となった一九三七年に十家註孫子を勉強し始め、毛沢東の指示により一九三九年に『孫子兵法初歩研究』を発表し、人民解放軍の軍事理論に影響を与えた。その後、一九五七年に『今訳新編孫子兵法』を出版（一九七一年に簡体字版を出版）したが、いずれにもナポレオンについての記述はない。郭中将の他に、一九五〇年代に『孫子』とナポレオンの関連を発表した人物に、パリ総領事やベルギー公使、国際連盟中国首席代表を歴任した中国の大物外交官、廖世功《りょうせいこう》（一八七七―一九五五）がいる。廖公使は、廖叙疇《りょうじょちゅう》として知られ、フランスの自由政治科学学院[70]（現在のパリ政治学院）の卒業生であり、一九〇六年「留学生考試章程」[71]に合格して外交官になっている。[72]晩年に周恩来の庇護の下で中央文史研究館館員となり、『中國為世界文化之源（中国は、世界文化の源を為す）』を著している。残念ながら筆者は本書を入手できなかったが、中国国内の記事によると、本書の中にナポレオンが『孫子』を読んだとの記述がある。[73]その記事によると、フランスの政財界、文芸界及び軍事界に多くの友人を持っていた廖世功公使が根拠なくナポレオンの話を書くはずがないということで、ナポレオン伝説が中国内で普及している、とある。

また、一九五〇年代後半から一九六〇年代前半は、中共の大躍進政策や中ソ対立など、毛沢東主義が世界的に注目を浴びた時期である。その毛沢東は、国共内戦時代以来、ワシントンとナポレオンを信奉しており、クラウゼヴィッツについての研究も熱心に行っていた。特に毛沢東は、フランス革命とナポレオンに精通していた。

その結果、毛沢東礼賛の文脈の中で『孫子』の再評価とナポレオンの賞賛がなされ、廖世功公使の『中國為世界文化之源』を元にして、ナポレオン伝説が中国国内で形成されていったと考えるのが自然であろう。そして、これが中国研究に従事していたグリフィス准将に伝わって、グリフィス版『孫子』に記述されることとなり、本書が世界中で爆発的に普及した結果、ナポレオン伝説が巷間の俗説となったのであろうと結論する。

根拠不明の伝説が形成される過程は、守屋淳先生が本書「監訳者まえがき」で分析されている「伝言ゲーム仮説」のとおりだと考えられる。その実例があるので、最後に概要を紹介する。二〇一三年八月に出版された渡部昇一教授の『孫子』[74]本に、「ナポレオンも、『孫子』の教えを守らなくなったときから負け始めているという感じがします」との個人的見解が記述されている。これの原型は、先述した一九八一年のジェームズ・クラベル『孫子』本であろう。渡部『孫子』本が変形して、二〇一四年に出版された『孫子』本の一部に、「『孫子』を用いていた時は成功したが、自己を過信して、『孫子』を使わなくなり失敗した[75]」ことが、歴史的事実かのように記述されている。元情報を少しだけ変換し、語句を追加し、伝聞や断定の語尾を付すことによって、「伝言ゲーム」のように、根拠不明の新たな伝説が合成されてしまったものと考えられる。

注

(1) 本小論では、字数節約の観点から、「ナポレオン」で統一する。

(2) 本小論作成に当たり、伝説の記載について我が国で出版された書籍を調査した。調査結果は、webちくま参照。なお、主唱者名は、初出順とした。

(3) traduction de Valerie Niquet, *SUN ZI, L'art de la guerre*, editions Economica, 2012, p. 32

(4) Australian National University An undergraduate course offered by the School of Culture History and Language. *The Chinese Art of War: Sunzi Bingfa.* (二〇一五年六月確認)
http://programsandcourses.anu.edu.au/course/ASIA2066

(5) 柳澤恭雄訳『戦争・政治・人間 ナポレオンの言葉』(河出書房、一九三九年一〇月二〇日)一三九頁

(6) 榎本秋編・著『カラー版 徹底図解 孫子の兵法』(新星出版社、二〇〇八年三月、書籍上は二〇一四年一月二五日)六〇頁

(7) 浅野裕一『「孫子」を読む』(講談社現代新書、一九九三年九月二〇日)一九一－一九五頁

(8) 後藤末雄博士の『中国思想のフランス西漸I』(平凡社、一九六九年八月一〇日)二六四頁によると、「一七七六年から一八一四年にいたるまで、『北京耶蘇会士紀要』が一四巻刊行された」とあるが、フランス国立国会図書館の閲覧サイト「Gallica」によると、一七七六年から一七九一年までに一五巻が刊行されている。そして「Gallica」には存在しないが、「Google Books」によると、一八一四年に一六巻が刊行されている。

(9) [第七巻] http://gallica.bnf.fr/ark:/12148/bpt6k114460t.image

(10) Frédéric Masson et Guido Biagi, *Napoléon inconnu, papiers inédits* (*1786–1793*), 1895, p. 122 http://gallica.bnf.fr/ark:/12148/bpt6k63022556

（11） 邦訳がないため、読み方が確定していない。チャンドラー博士、君塚直隆教授の訳では『一般戦術論』、『戦略思想家事典』（芙蓉書房、二〇〇三年一〇月五日）における長谷川琴子博士の訳では『戦術一般論』、『旅・戦争・サロン』（法政大学出版局、一九九一年七月二九日）における髙橋安光教授の訳では『戦術総論』とある。ここでは、原タイトルの直訳である長谷川博士の訳に従う。

（12） Robert S. Quimby, *The Background of Napoleonic Warfare*, Literary Licensing, 1956, p. 291

（13） Frédéric Masson et Guido Biagi, *Napoléon inconnu, 2, papiers inédits*（*1786-1793*）, 1895, p. 47 http://gallica.bnf.fr/ark:/12148/bpt6k6279499x

（14） Les missionnaires de Pe-kin, *Mémoires concernant l'histoire, les sciences, les arts, les mœurs, les usages, &c. des Chinois Tome Huitieme*, 1782, avertissement V.「前巻（アミオの中国兵法論）の記述について、ピュイセギュール伯が自身の著書で幾つか批判していたため、それに対するアミオ士の補遺を載せる」と書かれている。[第八巻] http://gallica.bnf.fr/ark:/12148/bpt6k114616/f1.image

（15） 長部重康「ナポレオンの『国富論』ノート」（一九七六年一二月一〇日）法政大学経済学会編『A・スミス「国富論」刊行二〇〇年記念特集』（経済志林、一九七六年一二月一〇日）一八三－一八四頁
http://repository.ris.ac.jp/dspace/bitstream/11266/3258/1/KJ00000189770.pdf#search='%E5%9C%B0%E7%90%86%E5%AD%A6%E3%81%AE%E8%AB%B8%E5%88%86%E9%87%8E%E3%81%A8%E3%81%9D%E3%81%AE%E4%BD%93%E7%B3%BB'

(16) 両角良彦『東方の夢 ボナパルト、エジプトへ征く』(朝日新聞社、一九九二年八月二五日)二八頁

(17) ジョルジュ・ノート、大塚幸男訳『ナポレオン秘話』(白水Uブックス、一九九一年八月二〇日)五一-五二頁

(18) 新居洋子「一八世紀在華イエズス会士アミオと満洲語」『東洋学報第九三巻第一号』二〇一一年、二九-五三頁

(19) ローラ・フォアマン、エレン・ブルー・フィリップス、山本史郎訳、『ナイルの海戦 ナポレオンとネルソン』(原書房、二〇〇〇年六月一〇日)一一-一二頁

(20) 両角良彦『東方の夢』五八頁

(21) IHEDN. *Napoléon a-t-il lu Sun Tzu ?*, 2013. 4. 3 http://www.ihedn.fr/userfiles/file/apropos/Napol%C3%83%C2%A9on%20a-t-il%20lu%20Sun%20Tzu.pdf#search=Napol%C3%A9on+Sun+Tzu+IHEDN'

(22) デイヴィッド・ジェフリ・チャンドラー、君塚直隆・糸多郁子・竹村厚士・竹本知行共訳『ナポレオン戦争 第一巻』(信山社、二〇〇二年一二月二〇日)二二四頁

(23) ルイ=ジョセフ=ナルシス・マルシャン、藪崎利美編訳『ナポレオン最期の日』(MK出版社、二〇〇七年三月六日)三二頁

(24) 長瀬鳳輔『奈翁全伝第五巻 ナポレオンの鴻業』(帝国史書研究会内奈翁会、一九一三年一一月一七日)三一八頁

(25) ラス・カーズ、小宮正弘編訳『セント=ヘレナ覚書』(潮出版社、二〇〇六年三月五日)七

二頁

(26) チャンドラー『ナポレオン戦争　第二巻』（信山社、二〇〇三年一月二〇日）二一三頁

(27) 本池立『ナポレオン　革命と戦争』（世界書院、一九九二年一二月一〇日）二二一頁

(28) 城山三郎『彼も人の子　ナポレオン――統率者の内側』（講談社、一九九六年四月二三日）二五六頁

(29) 長瀬鳳輔『奈翁全伝第五巻　ナポレオンの鴻業』三一八頁

(30) De Guignes, *Dictionnaire chinois, français et latin*, 1813, introduction iij http://gallica.bnf.fr/ark:/12148/bpt6k6251473n/f1.image.r=Sun%20Tzu%20NapolÃ©on.langFR

(31) マルシャン『ナポレオン最期の日』三三二頁

(32) マルシャン『ナポレオン最期の日』三五九頁

(33) Victor Advielle, *La bibliothèque de Napoléon à Sainte-Hélène*, Lechevalier, 1894 http://gallica.bnf.fr/ark:/12148/bpt6k5440716b

(34) Victor Advielle, *La bibliothèque de Napoléon à Sainte-Hélène*, Lechevalier, 1894, p. 26

(35) カーズ『セント＝ヘレナ覚書』二九五頁

(36) ラス・カーズ、難波浩訳『ナポレオン大戦回想録　第二巻』（改造社、一九三七年一一月二一日）二五三頁

(37) カーズ『ナポレオン大戦回想録　第二巻』二六六－二六七頁

(38) 天野知恵子『子どもと学校の世紀　一八世紀フランスの社会文化史』（岩波書店、二〇〇七年一〇月二六日）一一九－一二五頁

（39）中村清二「琉球とナポレオン」、西村眞次編集『ナポレオン』（東京冨山房、一九一一年二月五日）二六六－二七二頁

（40）両角良彦『セント・ヘレナ落日　ナポレオン遠島始末』（朝日新聞社、一九九四年一一月二五日、初版は『セント・ヘレナ抄』として、一九八五年に講談社から出版）一一七頁

（41）浅野裕一『「孫子」を読む』（講談社現代新書、一九九三年九月二〇日）六六頁、『孫子』（講談社学術文庫、一九九七年六月一〇日）二六六頁。どちらも全く同じ文言が使われている。

（42）榎本秋『孫子の兵法』二九頁

（43）榎本秋『孫子の兵法』六〇頁。榎本氏は、アルプス越えについて、「サン・グラール峠」と記述しているが、これは、「グラン・サン・ベルナール峠」の誤りである。また、「ダラス湖畔の戦い」と書いているが、これは第一回イタリア遠征時の「ガルダ湖畔の戦い」の誤りである。

（44）佐藤堅司『孫子の体系的研究』（風間書店、一九六三年八月二〇日）一〇五頁

（45）ナポレオンは、この能力のことを、『ナポレオン一世の戦いの原則と思考（*Maximes de guerre et pensées de Napoléon Ier*）』第一一五則で「ク・デュイユ・ミリテール（coup d'oeil militaire）」と言っている。「ク・デュイユ」は、フランスのジャン・シャルル・ド・フォラール騎士が一七二七～三〇年に発表したポリビオスに関する論文で用いた概念である。その後、ディドロやヴォルテールなどの百科全書派によって取り上げられ、ヴォルテールと親交の深かったフリードリヒ大王が一七四七年に仏語で示した『フリードリヒ二世による将軍達への軍事教令（*Instructions militaries de Frédéric II pour ses généraux*）』の第六条で説明している。後に、クラウゼヴィッツが『戦争論』第一部第三章で取り上げている。現代風に言えば、状況認

識（Situation Awareness）や戦略的直観（Strategic Intuition）、指揮官の洞察力（Commander's Insight）の意味に近い。

(46) ベイジル・ヘンリー・リデルハート、石塚栄、山田積昭訳『ナポレオンの亡霊』（原書房、二〇一〇年三月三一日）五五頁

(47) チャンドラー『ナポレオン戦争　第一巻』二二七-二二八頁

(48) 仏語「maxime」をここでは、「原則」と訳す。「格言」や「訓則」と訳す場合が多いものの、ナポレオンの発言集は、体系化されていないが、ナポレオンの軍事に関する基本的事項という意味合いが強いため、「原則」とした。なお、近代西洋軍事史において、「principle」や「maxim」は、我が国では「原則」と訳されることが多いが、これらの語は、普遍性のある規則や法則といった金科玉条ではなく、適用に際しては判断を要する基本的事項という意味で用いられている。

(49) 柳澤恭雄訳『戦争・政治・人間　ナポレオンの言葉』一四〇頁

(50) Burnod et Husson, *Maximes de guerre et pensées de Napoléon Ier* (*5e ed.*), 1863 http://gallica.bnf.fr/ark:/12148/bpt6k864783　ただし本書は第五版である。筆者は初版を確認できなかったが、一説に、初版は一八四七年に出版されている。

(51) Napoleon, G.C.D'Aguilar, *The officer's manual Military maxims of Napoleon*（*1831*）, Kessinger Publishing, 2010

(52) 福地源一郎『那破倫兵法』（江戸福地氏藏版、慶応三年丁卯〈一八六七〉）。本書は巻一と巻二に分かれており、巻一は福地氏による叙と那破倫第一世紀畧（ナポレオンの伝記）、第一～第

一三則及びその発明（解説のこと）、巻二が第一四～第三七則及びその発明である。本書両巻とも、横浜開港資料館で閲覧可能である。

（53）秦郁彦『日本陸海軍総合事典』（東京大学出版会、一九九一年一〇月一五日）六八〇頁。月曜会は明治一四年に誕生した旧陸軍将校の修養団体（同好会）。明治二二年に危険団体視され大山巌陸相から解散命令が出て偕行社に吸収された。

（54）長部重康「ナポレオンの『国富論』ノート」一九七六年、一九三－一九四頁

（55）箕作元八博士の母方の祖父は、小関三英《こせきさんえい》が蛮社の獄に関連して自殺後に、幕府天文方蕃書和解御用（蕃書調所は、東京大学の前身である）となった箕作阮甫《みつくりげんぽ》である。岩下哲典『江戸のナポレオン伝説』によれば、小関三英は、ライフワークとしてナポレオンの伝記の翻訳に取り組み、『泰西近年之軍記』や『那波列翁伝初編』を書いている。小関の後を継いだ箕作阮甫もナポレオンに造詣が深く、『海上砲術全書』やナポレオンの伝記が記載されている『西史外伝』を書いている。

（56）サミュエル・ブレア・グリフィス『グリフィス版　孫子　戦争の技術』（日経ＢＰクラシックス、二〇一四年九月二四日）

（57）十家註とは、ジャイルズが解説している順に掲載すると、曹操、（梁の）孟子、李筌、杜佑、杜牧、陳皞、賈林、梅堯臣、王晳、何延錫、張預の一一人のことである。

（58）http://www.puppetpress.com/classics/ArtofWarbySunTzu.pdf#search='Lionel+Giles+Sun+Tzu

（59）Valérie Niquet, *Sun Zi, L'art de la guerre*, editions Economica, 1988, p. 145

(60) 我が国では、ショレ大佐と書いている文献が散見されるが、Lieutenant が付いているため、中佐である。ちなみに、フランス陸軍において中佐職は、革命によって一七九三年に一旦廃止されたが、一八一五年に復活している。ところで、ショレ中佐については、実のところよく分かっていない。名前である〝E〟が何の略かも不明である。カナダのトロント大学のサイトでショレ中佐の『古代中国の兵法　二千年前の戦争のドクトリン』が閲覧できるが、ショレ中佐自身に関する説明はない。フランス陸軍のサイトでも、ルシアン・ナシン大佐の経歴は検索可能であるが、ショレ中佐の経歴は出てこない。それらしいのは、フランス陸軍第一二六歩兵連隊の一九一八－一九一九年の連隊長がショレ中佐であるが、同一人物か否かは不明である。

(61) Lieutenant-Colonel E. CHOLET, *L'Art Militaire dans l'Antiquité Chinoise, Une Doctrine de Guerre bi-millénaire*, CHARLES-LAVAUZELLE&Cie, 1922
https://archive.org/details/lartmilitairedan00choluoft

(62) 平田昌司『書物誕生――あたらしい古典入門　『孫子』　解答のない兵法』(岩波書店、二〇〇九年四月一七日) 七一頁

(63) 軍種は不明である。出版記録からすると、准将 (Brigadier General) から、後に大将 (General) になっているので、米陸軍か米海兵隊であろう。ルシアン・ナシン大佐の『孫子』によると、ロンドンでトーマス・R・フィリップス少佐が出版したとなっている。また、グリフィス准将の『孫子』では、原書にはトーマス・R・フィリップスが編集したとの記述はあるが役職の記述はなく、日本語版には英国海軍大将との記述がある。しかし、英国海軍大将なら、General ではなく Admiral であり、英国海軍に Brigadier General の階級はない。また、英陸軍

や英海兵隊では、一九四四年当時、Brigadier General は廃止され、佐官級の Brigadier となっている。

(64) Thomas R. Phillips, *The Art of War-Sun Tzu Wu*, The Military Service Publishing Company, 1944

(65) http://classiques.uqac.ca/classiques/sun_tse/B24_sun_tse_anciens_chinois/sun_tse.rtf

(66) 我が国では、関ヶ原の戦いを題材とした小説『将軍』の作者として有名。

(67) James Clavell, *The art of war by Sun Tzu*, Hodder and Stoughton, 1981

(68) ValérieNiquet, *Sun Zi, L'art de la guerre*, editions Economica, 1999, p. 96. なお、二〇一二年版では三二頁。

(69) ニケ博士が例として脚注で挙げているのは、Qiu Fuguang, *Sun Zi jin lun* (Discussion contemporaine de Sun Zi), Baishan chubanshi, Shenyang, 1998, p. 365

(70) 一九七二年にエミール・ブートミーが創設した政治科学に関する私立の高等教育機関。一九四五年一〇月にド・ゴール臨時政府首相により国立のパリ大学に統合され、パリ政治学院となった。

(71) 袁世凱の上奏によって一九〇五年九月に科挙が廃止された後、有為の民間人が官途に就く道として確保された留学生を対象とした官吏登用試験。一九一一年の辛亥革命勃発により廃止された。

(72) 廖叙疇、光緒三二年政治科挙人、法国政治学士、后任駐法国巴黎総領事、駐俄大使館頭等参賛。http://www.cqlszph.com/html/2015/yl_0708/533.html

(73) 劉慶、「《孙子兵法》走向世界之谜」光明日报 文化星期五、二〇〇一年一月一一日記事
(74) 渡部昇一、谷沢永一『渡部昇一著作集/対話②孫子の兵法　勝つために何をすべきか』(ワック、二〇一三年八月二三日、初版はPHP文庫から二〇〇三年)二六-二八頁
(75) 野中根太郎『超訳 孫子の兵法』(アイバス出版、二〇一四年一月三〇日)五頁、遠越段『ゼロから学ぶ孫子』(総合法令出版、二〇一四年五月六日)四四頁

ちくま学芸文庫

アミオ訳《やく》 孫子《そんし》〔漢文《かんぶん》・和訳《わやく》完全対照版《かんぜんたいしょうばん》〕

二〇一六年四月十日　第一刷発行

訳　者　守屋　淳（もりや・あつし）
　　　　臼井真紀（うすい・まき）
発行者　山野浩一
発行所　株式会社　筑摩書房
　　　　東京都台東区蔵前二―五―三　〒一一一―八七五五
　　　　振替〇〇一六〇―八―四一二三
装幀者　安野光雅
印刷所　星野精版印刷株式会社
製本所　株式会社積信堂

乱丁・落丁本の場合は、左記宛にご送付下さい。
送料小社負担でお取り替えいたします。
ご注文・お問い合わせも左記へお願いします。
筑摩書房サービスセンター
埼玉県さいたま市北区櫛引町二―六〇四　〒三三一―八五〇七
電話番号　〇四八―六五一―〇〇五三

ISBN978-4-480-09726-2 C0110